Osprey Military New Vanguard
オスプレイ・ミリタリー・シリーズ
世界の戦車イラストレイテッド
22

突撃砲兵と戦車猟兵 1939-1945

[著]
ブライアン・ペレット

[カラー・イラスト]
マイク・バドロック

[訳者]
山野治夫

Sturmartillerie & Panzerjäger 1939-45

Text by
Bryan Perrett

Colour Plates by
Mike Chappell and Mike Badrocke

JN268433

大日本絵画

目次　contents

3	序文	introduction
3	概念	the conception
6	III号突撃砲	the stug III assault gun
11	配員および編制	manning and organisation
14	戦術	tactics
18	実戦運用	active service
21	駆逐戦車（戦車駆逐車）	tank destroyers
34	駆逐戦車（戦車駆逐車）の戦術	tank destroyer tactics
35	機動力の鍵	the key to mobility
25	カラー・イラスト	
41	カラー・イラスト解説	

◎カバー裏の写真　突撃榴弾砲42型。III号突撃砲G型を基本車体として、10.5cm榴弾砲を搭載した車両である。生産は1943年に開始され、その後通常の突撃砲と8対1の割合で生産が行われた。

◎著者紹介

ブライアン・ペレット　Bryan Perrett
1934年生まれ。リヴァプール大学を卒業。王国機甲軍団、第17/21槍騎兵、ウエストミンスター竜騎兵、王国戦車連隊勤務。国防義勇軍勲章受賞。フォークランド紛争および湾岸戦争中リヴァプール・エコーの軍事特派員を務める。非常に成功した業績を収めた著述家。既婚でランカッシャー在住。

マイク・バドロック　Mike Badrocke
軍事宇宙科学、科学器機およびハイテク器機に関して、英国を代表するイラスト画家のひとり。彼の描く詳細な解剖図、きわめて複雑な細部まで描き込まれたきわめて複雑な内部構造図は、世界中の数多くの書籍、雑誌そして産業用出版物などで見ることができる。

突撃砲兵と戦車猟兵 1939-1945
Sturmartillerie & Panzerjäger

introduction
序文

　すべての兵器システムは、敵の戦闘能力のある特別な面に打ち勝つように設計されており、その大多数は厳しい経験の結果として生み出されたものである。もともとドイツの突撃砲は歩兵に対して、1918年の第一次世界大戦当時には存在しなかった装甲支援能力を提供するために考え出されたものであった。

　しかし第二次世界大戦における戦場の状況は変化して行き、それによって突撃砲は戦車駆逐車へと変化していった。しかし歩兵支援任務そのものが忘れられることはなかった。一方、完全に目的に合わせて設計された駆逐戦車の歴史は、はるかに短いものであり、それは重装甲をもついくつかのイギリス、ソ連戦車に対する直接的回答として開発されたものであった[訳注1]。

　もしはるかに魅力的な存在である機甲師団がドイツ陸軍の剣であるとすれば、突撃砲兵や戦車猟兵、すなわち駆逐戦車部隊はその盾なのである。戦争の最後の年に、ひとたび戦車部隊の戦場における抵抗力が失われ始めると、対戦車防御という重荷はますます突撃砲と駆逐戦車の乗員の肩にかかってきた。そして主として彼らの技量と職業意識のおかげで、強力な赤軍がヨーロッパの奥深く進撃することは避けられたのである。

1940年、フランス戦役中に、第640、第659、第660および第665中隊で、2ダースあまりが使用されただけのIII号突撃砲の1両。この車両はほぼ確実にB型であろう(＊)。A型の幅の狭い履帯用の起動輪と誘導輪にスペーサーリングがはめられて使用されている。上部構造物側面の傾斜したスペースドアーマーがはっきり確認できる。砲の向かって右側、操縦手コンパートメントの上部の、広がったV型の「切り込み」は砲手用照準器の開口部につながるもの(＊＊)。
(RAC Tank Museum)
(＊訳注:B型は1940年6月から生産が開始されており、写真がフランス戦であるなら参加した可能性は低い。はっきりしないが幅の狭い履帯のA型ではないだろうか)
(＊＊訳注:この部分には少しでも敵弾の飛び込むのを防ぐため、多数の跳弾板が階段状に取り付けられていたが、それでも防御上の問題は大きく、後に廃止されることになる)

the conception
概念

　第一次世界大戦中、西部戦線の塹壕戦による行き詰まりを打開するために、たった2つ

訳注1:イギリスのマチルダI、II戦車は重装甲でドイツ軍を悩ませ、フランス戦時のアラスの戦いや北アフリカの戦いでは、ドイツ軍のロンメル将軍は8.8cm対空砲の水平射撃でなんとか撃破した。バルバロッサ作戦で遭遇したソ連のKV戦車はやはり重装甲で、わずか1両が機甲師団の進撃を止めたことさえあった。

の方法だけが考え出された。第一番目はイギリス、フランス陸軍によってとられたもので、戦車を使用して有刺鉄線の張られた前線を切り開き、塹壕を乗り越え、砲火力によって敵の拠点を撃破するというものであった。この文脈では戦車は後に突撃砲の標準的任務となった行動を単に実行する車両であり、フランス人も自分たちの戦車を「突撃砲」と呼んでいた。

　二番目の方法はドイツ陸軍に好まれたもので、激しい砲撃の後に大規模な浸透作戦を行うというものだった。この作戦は特別な訓練を受けた「突撃隊」[訳注2]によって行なわれた。彼らは抵抗する拠点は迂回し、停止することなく敵後方地域への前進を続けた。

　しかし彼らもいくらかの防御陣地との接触は避けられなかった。前線が技術的に突破された場所でも、敵兵士集団は大隊から一挺の機関銃に至るまで各種の異なる規模で、その任務を遂行し続けたのである。

　砲弾孔や荒れ果てた地表のために、軍内の突撃隊を支援する馬牽の支援砲兵は、すばやく前進することができず、突撃隊が大きな損害を受ける前にその障害に対処することができなかった。成功した前進行動も徐々に鈍化しやがては停止してしまった。結局突撃大隊は脱け殻になるまで出血し続け、もはや使用に耐えなくなった。彼らはドイツ軍の最良の部隊であり、彼らが失われた後、陸軍の残余は、せいぜい防衛戦闘にしか用い得なかった。

　二番目の方法は、論理的帰結として第一の方法によってのみ可能となる。すなわち機関銃座、トーチカ、拠点を、最初に直接射撃で撃滅できなければ、歩兵の突撃は大きなコストを払わねば続けることはできない。これは戦後に行われた第一次世界大戦についてのドイツ参謀本部要員の分析の中で、完全なまでに明らかであった。しかしヴェルサイユ条約のドイツの装軌車両の取得と使用を禁止する条項によって、これに関して何年もの間、何も行われることはなかった。

　1935年、エーリヒ・フォン・マンシュタイン将軍[訳注3]は参謀長に、技術研究が示すところでは、歩兵の指揮下で運用され、要求された支援を与える自走式装甲砲架が必要であるとする覚書を起草した（原著者注：フォン・マンシュタインはドイツ陸軍における突撃砲兵の父と考えられる。この言葉は彼のメモに初めて記されたものである。この段階で、イギリス、フランス、ロシアが行ったような、戦車部隊を歩兵の支援に転用することが、資源の無駄使いと考えられていたことは興味深い）。彼はさらに、各歩兵師団はその一部として6門からなる中隊3個をもつ突撃砲大隊を含むべきであると提案している。フォン・マンシュタインの努力とフォン・フリッチュ、ベック将軍の支援のおかげで、この計画は認められた。当時大佐だったヴァルター・モーデルが率いる参謀本部第8課の監督の下、砲兵にこの兵器の設計任務が与えられた。

　時間を節約するために架台として、すでに実証済みのⅢ号戦車の車台と走行装置を使

前頁の写真とは別のⅢ号突撃砲B型。「バルバロッサ」作戦の初期に撮影されたもので、歩兵を跨乗させている。太い「不整地脱出用角材」（＊）は、車外に搭載される典型的追加装備である。車体前上面板の符号は、中隊本部(Stab)車両であることを示している。(Bundesarchiv)
（＊訳注：不整地ではまり込んだときに、この木材を履帯の下に敷いて脱出するのに用いる）

訳注2：行動力を高めた軽装歩兵で、特別な訓練を受けた経験ある将校に率いられた。

訳注3：マンシュタインはグデーリアンと並ぶ第二次世界大戦におけるドイツ軍の機甲戦術に関する大家で、フランス電撃戦の計画を立て、野戦でもクリミアの攻略やスターリングラードの戦い以降、ドイツ軍の退潮の中でのロシア軍に対する卓越した防衛戦闘の手腕で知られる。

用することが決定された。III号戦車車台の上に、低く完全密閉で前面に厚い装甲をもつ固定戦闘室を設け、限定旋回式にL24榴弾砲を装備した。車体自体はダイムラー-ベンツ社によって組み立てられたが、砲はクルップ社が製作した。

この「III号突撃砲」の完全なプロトタイプは、1937年初めにクンマースドルフ試験場での試験準備が整った。そして試験の結果は完全に満足いくものであることが確認された。その後1939年秋には、各現役歩兵師団は各々の突撃砲大隊を保有することが期待された。そして各予備役師団への配備は1940年頃とされた。しかし各中隊の砲数は4門に減らされた。しかし実際にはこのような楽観的な見通しはまったく達成不能だった。

第一にだれがこの新型兵器を受け持つかを決めなければならなかった。歩兵が受け持つべきか？ なぜならそこから生みだされる利益を享受するのは歩兵なのだから。あるいは機甲部隊か？ 彼らは装軌車両を運用する専門家である。あるいは砲兵か？ 彼らはもともとこのアイデアを出したのだから。

それぞれの兵科を監督する将軍とその参謀の間で会議が開かれた。会議は芝居がかりこっけいなものだった点で、記憶に留まるものとなった。歩兵科を監督する将軍は、彼の兵科は突撃砲に燃料や弾薬を補給するために必要な車両をもっていないし、野戦で砲を維持するために必要な技術的能力をもたないというところから説明を始めた。そしてあろうことか彼は、これら克服しようのない困難に直面しなければならないのなら、このアイデアそのものを放棄する用意があるとまでいったのである。

戦車隊員はこの計画を、彼らの戦車生産計画に影響をおよぼすとの理由で、すぐに押しつぶそうとした。彼らはすべての利用可能な工業力を利用したがっていたのである。これに対する返答は、突撃砲の生産によって戦車は戦車自身の任務に専念することができる。もし突撃砲が生産されなければ、戦車が歩兵の支援に転用されなければならないだろう。そして装甲車両の生産数が着実に増加すれば、生産上の危機は生じないだろうというものだった。

戦車隊士官は、これに心を動かされることはなく、頑固で手に負えないままだった。そ

くすぶるロシアの農家の脇を通過するIII号突撃砲E型。装填手は、この型から標準となった、右側面の無線機用張り出し部の上に腰掛けている。車体後面板左端に記入されたゴシック体の「D」の文字に注目。
（Bundesarchiv）

して癇癪が爆発した。誰かが突撃砲の固定戦闘室には戦車が装備するより大きい砲が搭載できるという事実を指摘した。これは突撃砲が彼らの愛する戦車のもつ能力より長距離から敵装甲車両を撃破できることを意味する。そして彼らの近視眼的見方と経験のなさが、こうした事実に盲目にさせているのだと、無礼な発言をしたのである。

この発言でひとりの戦車隊士官は完全に冷静さを失い、机を荒々しく叩くと、会議は「戦車装備に死刑宣告を行うものだ！」と叫んだのである。どうにか彼らは生き延びたのであるが……。

今度は砲兵部隊を監督する将軍に発言する順番が回ってきた。彼はどうやら眠たそうな老紳士のようだった。おそらく1914年以前ののどかな時代を夢見ていたのだろう。蹄の響きの中、青いコートを着た砲兵隊員が、彼らの砲兵機材を砲列に移動させる。彼は議論されている主題が、歩兵を支援する新しい砲についてであることに気が付いた。そしてそれはかなりの不快感を催させた。冷静な調子を取り戻そうと努力して、彼は、近代技術は非常に好ましいものだ。しかし真剣な決定が下される前に、新しい支援砲架は馬牽砲より優れているかどうか、第一次世界大戦当時のやり方で判定する試験が行われるべきだと感じていると述べた。

驚いて皆がぽかんと口を開けている間に、困惑したスタッフが回りに集まり、フォン・マンシュタインのアイデアである戦術的展開と武器そのものの本質について説明した。将軍の頭をアップ・トゥ・デートするには少々時間がかかったが、一度要点を理解すると彼はコンセプトを暖め始め、彼は砲兵が扱うのが最適であることに同意し、参加した全員が安堵した。（その後このことは、とくに上級士官の間のジョークとなり、突撃砲について触れるときは「馬牽式」と記述するようになった。乗員は突撃砲を「シュナウツ」（豚）と呼び、ゲシュッツ（砲）をもじってゲシュナウツというようになった）。

こうして全員の赤ん坊そして誰の子供でもない時期の後で、突撃砲は砲兵の監督下に戻った。ユーターボグにある砲兵教導連隊では、監督官の将軍の指揮下で基礎訓練施設と、突撃砲兵のための戦術学校が設立された。1937年秋、第7自動車化砲兵展示連隊によって実験中隊が編成された。そしてこの部隊は次の冬を通して各種の訓練を行った。これらの結果評価されるとすぐに、実験中隊は1年をかけてデーベリッツの歩兵展示連隊と協同訓練を行った。その間に両兵科の利益が図られるような、戦術原理が編み出された。

これらの訓練は、Ⅲ号戦車の車台にダミーの上部構造物と砲を搭載したプロトタイプ車両で行われた[訳注4]。防諜上の理由で突撃砲は、ずっと「自走式3.7cm対戦車砲」と呼ばれた。

砲の試験の間、突撃砲乗員は、同じ武器を装備された戦車部隊の対抗馬であるⅣ号戦車より、すばやく目標を捉えることができ、より少ない弾薬で目標を破壊することができた。これはとくに新しい武器システムの主唱者を満足させたが、彼らは戦車隊

少数の突撃砲が陥落間際のチュニジアに送られた。この写真はその戦線で撮影された、48口径砲を装備したF型である。全体にライトデザートイエローが塗装され、藪の小枝が取り付けられているようである。この車両はおそらく「ヘルマンゲーリング」師団のものであろう。(Bundesarchiv)

ロシアにて、歩兵分隊が跨乗した突撃砲。作戦開始線での混乱を防ぐため、指揮官は戦術部隊単位ごとに1両の突撃砲に乗るよう留意したであろう。(Bundesarchiv)

対戦車防御の2つの構想。「ザウコプフ」防盾および装甲スカート（シュルツェン）を付けたⅢ号突撃砲G型が遠方の敵を狙い、歩兵の携行式パンツァーファウストが、近接戦闘に備える。(Bundesarchiv)

員の助けを借りずに自らの技術を開発しなければならなかった。

　不運にも、完全に満足行くものに終わったとはいえ長引いた部隊試験と砲試験にその他の要素が複合して、突撃砲の量産は遅れてしまった。このため戦争が勃発したとき、たった1個の中隊すら、実戦運用することができなかったのである。

the stug Ⅲ assault gun
Ⅲ号突撃砲

訳注4：プロトタイプは0シリーズと呼ばれ、1937年に5両を製作。Ⅲ号戦車B型車体を使用し、上構は軟鋼で製作され試作砲が搭載されていた。

訳注5：どのように定義するかにもよるが、Ⅳ号戦車も同じ地位にあると思うが……。

訳注6：たとえば同時期に生産されていたⅢ号戦車E型、Ⅳ号戦車D型では30mmであった。

訳注7：A型で19.6トンとする資料もある。

訳注8：A型は1940年1月から5月までに、Ⅲ号戦車F型車体をベースに30両、6月から9月までにG型をベースに20両が生産された。

　Ⅲ号突撃砲は、それが第二次世界大戦を通して、同じ基本形態で運用された唯一の装軌車両[訳注5]という理由だけでも、ドイツ軍装甲車両の歴史の中で、特別な地位を占めているといえる。本車はわずか2つのコンパートメントから成る。後部には300馬力のマイバッハエンジンが収められ、その前方には低く平らな戦闘室、砲と乗員を収容する傾斜板で構成された上部構造物があった。車長は戦闘室の左側後部、砲手のすぐ後ろに位置し、砲手は操縦手のすぐ後ろに位置していた。砲の右側には装填手兼無線手が位置し、彼のための弾薬庫には44発の弾薬が収容されていた。無線機は出力10ワットの超短波式で、左側の袖部に収容されていた。一方指揮車両では通常もう1基の無線機が、右側に収容されていた。

　砲塔がないことはかなりの重量軽減になり、そのことによって前面装甲は50mmと同時代のドイツ戦車より、かなり厚いものになっていた[訳注6]。砲塔がないことはまた低いシルエットとなることも意味しており、車高はわずか1.95mしかなかった。初期型では上部構造物の垂直の側面板は、さらに傾斜した9mm厚の装甲板で防護されており、この装甲板はスペースドアーマーとなっていた。重量は21.5トン[訳注7]でⅢ号突撃砲は最高速度40km/hを発揮することができ、この時期のほとんどの中戦車に匹敵した[訳注8]。

7

突撃砲の最もはっきりした欠点は、砲手のとることのできる旋回角度が限られていることだが、状況からしてこれは不可避であった。その他の欠点は、砲手用照準器が脆弱なことや、車長は天井にある車長用ハッチを開いて砲隊鏡[訳注9]を使用して視察するしかなかったことである。さらに初期型は近接防御用の機関銃を装備していなかった。

　それにもかかわらず、Ⅲ号突撃砲は通常の改良で戦場の技術進歩に追いついていくことができた。大規模な改良については、導入された時期とともに以下に述べる。

突撃砲G型から車長用司令塔が導入されたことがわかる写真。ここに見える潜望鏡式双眼鏡には、雨や泥がレンズに付着しないようにするための、筒型の延長カバーが取り付けられている。スカートに塗装された興味深い角張ったパターンのカモフラージュ塗装に注目。最前方のスカートは、他の突撃砲のものと交換したもののようだ。車外装備品は、エンジンデッキのハッチを外せるように配置されている。この部分は避けるにしても、後部の収容部は非常に便利だった。(Bundesarchiv)

B型
Ausf. B

　1940年夏に導入。改良型トランスミッションが搭載された。履帯幅は40cmに増加され、新しい起動輪と誘導輪が必要になった。ただし一部の車両は旧来の起動輪と誘導輪を、幅の増大に合わせてスペーサーリングをはめ込んだ改良を施して、使用し続けた。新しい起動輪はわずかに湾曲し、廃止された古いバージョンが8つの穴をもっていたのに対して、6つの穴が開けられていた。誘導輪はA型が一体式のものだったのに対して、8本のスポークをもつタイプとなった[訳注10]。

CおよびD型
Ausf. C and D

　1941年初めに導入。天井部分から砲手用照準器用のV型開口部をなくすため上部構造物が再設計された。この部分はA、B型で弱点であることが明らかになっていた。砲手用照準器は天井から突き出されるようになった。C、D型は外形的には同一で、後者はいくつか内部機構が異なっていた[訳注11]。

E型
Ausf. E

　1941年秋に導入。A〜D型に装備されていた、上部構造物外部側面の9mm装甲板が廃止された。傾斜させる代わりに、上部構造物側面は垂直な30mm装甲板のみとなった。左側の無線機用袖部は前方に拡大され、右側にも袖部張り出しが標準的に装備されるようになった。この部分に無線機が搭載されない場合は、弾薬が収容された[訳注12]。

F型
Ausf. F

　1942年初めに導入。ロシアのT-34とKVとの最初の遭遇で、これらの車両は重装甲であるだけでなく良好な武装をもつことも示された。これに対抗するため、突撃砲に長砲身の(L43)7.5cm砲が再装備された。砲は目立つ30mmの装甲厚の箱型防盾に装備されている。一方、前面には30mm増加装甲板が装着された[訳注13]。

訳注9：いわゆるカニ眼鏡。両眼用の潜望鏡式の視察装置。

訳注10：B型は1940年6月から1941年5月までに、Ⅲ号戦車H型車体をベースに300両が生産された。

訳注11：C、D型は1941年5月から9月までに、Ⅲ号戦車J型車体をベースに50両および150両が生産された。

訳注12：E型は1941年9月から1942年3月までに、Ⅲ号戦車J型車体をベースに284両が生産された。

訳注13：後期に生産された車両のこと。

ハーフトラックに乗った機甲擲弾兵を従えて前進するIII号突撃砲。巻き上がる埃と煙が、空撮の非常に劇的な背景効果を醸し出している。これらの突撃砲のカモフラージュパターンは、目の粗い焼き網に似ている。黄土色仕上げにブラウンまたはグリーンの縞が、一定の矩形に塗られている。地形から見ると、ロシア南部戦区のようだ。(Bundesarchiv)

訳注14：この説明は誤解をまねくもので、もともとがF型はE型車体に無理やり長砲身砲をとりつけたもので設計的に無理があり、その結果、本格的な長砲身装備型として、後のG型が開発された。43口径砲が48口径砲になったからその必要が生じたわけではない。

訳注15：F/8型はIII号突撃砲のベース車体であるIII号戦車の車体が変更されたことによる呼称変更で、これも43口径砲が48口径砲になったこととは関係ない。

訳注16：F型は1942年3月から9月までに、III号戦車J型車体をベースに試作車1両と359両が生産され、F/8型は9月から12月までに334両が生産された。

訳注17：「ザウコプフ」（豚の頭）防盾は1943年11月から装備が始められたが、実際には箱型防盾は最後まで使用が続けられ、大多数がザウコプフを装備したわけではない。

訳注18：もともとはロシア兵が装備する対戦車ライフル対策だったが、後に成形炸薬弾にも役に立つことがわかった。

IV号突撃砲。履帯上に張り出している上部構造物、車体前上面板の様子、着脱式のアーマースカート取り付けレール、ツィンメリット・コーティング、上部構造物前上部のへこみに盛り付けられたコンクリート、などがわかる。また、天井の遠隔操作式機関銃も見える。(RAC Tank Museum)

装甲防御力を強化するため上部構造物前上部のくぼみに、コンクリートが盛られた。その他の改良点としては、天井中央へのベンチレーターの取り付け、近接防御用の機関銃の装備と装填手用ハッチ前部への防盾取り付け、エンジンデッキのハッチの再配置などがある。

L43砲の代わりにL48砲が装備されることが決定されたため、F型はごく短期間の生産に止まった [訳注14]。この改良は既存のF型に後から装備されただけでなく、新造車体にも取り付けられた。この型はF/8型として知られる [訳注15]。

新型砲は非常に望ましい対戦車能力をもっていた。その代償は弾薬搭載数がわずかに減少したぐらいであった。公式には42発の弾薬が搭載可能であったが、注意深く収納すればなんと120発もの弾薬が搭載できたという。もっともおそらくこれでは乗員は小さくならなければならないだろうが [訳注16]。

G型
Ausf. G

1943年初めに導入。このタイプでは80mm厚の前面装甲板が標準となった。上部構造物は履帯上まで拡大され、無線機用張り出し部が一体となった。車長用には8個の独立したエピスコープ（ペリスコープ）が取り付けられた司令塔（キューポラ）が装備されている。

司令塔には跳ね上げ式のハッチが設けられていて、ハッチ前部の小部分を開けて、車長はそこからペリスコープ式双眼鏡を、密閉された後方部分から装甲カバーの下で使用することができる。その後ベンチレーターを天井から撤去して戦闘室後壁に移動させる、前後に開く装填手用ハッチの再配置など、各種のマイナーチェンジが加えられた。

いくらかの初期のG型はF/8型の箱型防盾を装備していたが、大多数はより満足できる形状の、その形状から「豚の頭」として知られる鋳造製防盾を装備していた [訳注17]。成形炸薬弾に対する防御 [訳注18] のため、「スカート」（シュルツェン）として知られる大きな板が、車体側面に沿って取り付けられた。また近接戦闘で地雷やその他装置を吸着されることを防ぐため

の、対磁気ツインメリット・ペーストが塗布された[訳注19]。いくらかの車両は上部構造物左右に3発ずつまとめられた、発煙弾発射機を装備していた。しかしこれは一般的なものではない[訳注20]。

突撃榴弾砲42型
Sturmhaubitze 42

　突撃砲の対戦車能力向上ばかりにおおわらわとなることによって、この武器システムが設計されたもともとの任務、すなわち直接射撃による歩兵支援がおろそかにされる傾向があった。短砲身7.5cm L24モデルが消滅したことは、III号突撃砲G型車体に10.5cm榴弾砲を搭載した、突撃榴弾砲42型が生産されたことで、ある程度埋め合わされることになった。プロトタイプは1942年に出現したが（F型の上部構造物を使用）、大量生産は翌年まで開始されず、生産数はその後生産された突撃砲のおよそ八分の一にしかならなかった（戦争期間を通じて、全部で1万500両のIII号戦車ベースの突撃砲が生産され、そのほとんどはベルリンのアルケット社製であった）[訳注21]。

　その他の車台を使用した突撃砲ははるかに少ない数しか生産されず、その主要タイプは以下の通りである。

IV号突撃砲
StuG IV

　本車は標準型の突撃砲の生産を補うために、IV号戦車と突撃砲を組み合わせて設計されたものである。IV号戦車の車台に突撃砲G型の上部構造物が搭載されており、武装はL48 7.5cm砲であった。初めて運用されたのは1943年半ばで、戦争終結までに632両が生産された。IV号戦車の走行装置と、突出した操縦手コンパートメントによって、簡単に見分けることができる[訳注22]。

「ブルムベアー」
'Brummbär'

　ロシアの都市における市街戦では、7.5cm砲では堅固に建築された建物に対して、必要な破壊力が不足していることが明らかになった。15cm L12榴弾砲がこの任務に十分な威力をもつと考えられ、1942年10月に強化建築地域での近接戦闘のために特別に設計された重突撃砲の製作が開始された。

　選ばれた車台はIV号戦

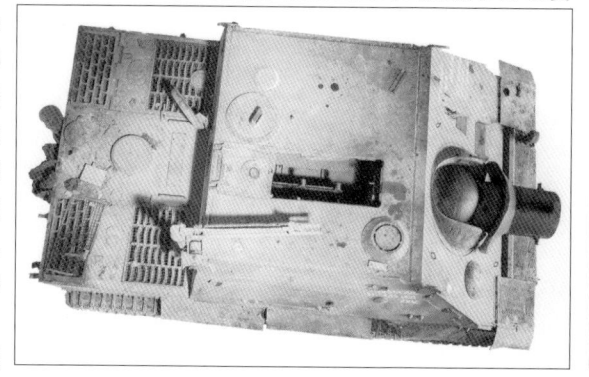

1944年のイタリアにおけるブルムベアーのすばらしいショット。カラー・イラストG3を参照されたい。乗員は通信のためアンテナを取り付けている。(Bundesarchiv)

訳注19：磁気によって装甲板に吸着される対戦車爆薬への防御手段で、ツインメリット社が開発したためツインメリット・コーティングと呼ばれた。連合軍が吸着爆薬を使用しなかったためあまり意味がなく後に廃止されている。

訳注20：発煙弾発射機はG型の初期生産型に装備されたが、小火器などで簡単に発火してしまい実用的でなかったために、すぐに廃止されてしまった。G型は1942年12月から1945年3月までに、7720両が生産されIII号戦車から173両が改造された。ベース車体はIII号戦車J型であるが、G型生産時にはIII号戦車の生産はほとんど終了しており、もはや車体はIII号戦車をベースにしたというより、III号突撃砲のために生産が続けられたものであった。

訳注21：突撃榴弾砲42型は1942年10月から1945年2月までに、試作型1両に生産型1211両が生産された。ベース車体はごく一部がF型およびF/8型で、ほとんどはIII突撃砲G型車体であった。

訳注22：IV号突撃砲は1943年12月から1945年4月までに、1141両が生産された。

突撃臼砲ティーガーの興味深い上面写真。火器のボールマウント（＊）と基部、下部にガイドレールとホイストが装備された天井のロケット搭載ハッチなどのディテールがよくわかる。(The Tank Museum)
（＊訳注：マウントはブルムベアー同様ボールマウントではなく、上下左右限定旋回式の砲架に半球形の装甲カバーが取り付けられているだけである）

車で、その上に重たい傾斜した上部構造物を載せて、砲は100mm厚の前面装甲板の大きなボールマウントに装備された[訳注23]。重量は28トンで装備は車台には過荷重の傾向があり、トランスミッションに問題を引き起こした。しかしその他の点ではこの車両は満足できるもので、Ⅳ号突撃戦車という漠然とした名称で1943年4月から運用が開始された。この名前はすぐに改められ、もっと実態を表す「ブルムベアー」(灰色熊)の名前が使われるようになった。

　全部で313両のブルムベアーが生産され、細かい改良が施されたいくつかのモデルがあった。これらの車両は機甲擲弾兵連隊の重歩兵砲中隊で使用された他、上級指揮官が運用できる45両の突撃大隊が編成された[訳注24]。

シュトゥルムティーガー
Sturmtiger

　ブルムベアーのアイデアが極限まで突き詰められたのが本車である。同様の配置をしているが、本車は重量761ポンドのスピン安定式ミサイルを、最大6000ヤード(5500m)の距離に撃ち出せる38cmロケットランチャーを装備している。ただ通常はもっと近接した距離で使用される。ミサイルには2つのタイプがあり、ひとつは高性能炸薬を搭載し、もうひとつは対コンクリート用の成形炸薬弾となっている[訳注25]。ミサイルをランチャーに装填するのを補助するため小クレーンが装備されていた。ランチャーにはバランスを取るため、カウンターウェイトが取り付けられていた。

　ティーガーE型車体を使用し、150mmの装甲板で防護されていた。重量68トンのシュトゥルムティーガーは少々場違いな代物だった。本体が出現した1944年にはドイツ軍は完全に防戦に追い込まれており、その潜在的任務はとうの昔に消え去っていた。この大岩のような車両はほんの一握りが生産されたに止まる[訳注26]。

放棄されたブルムベアー。アーマースカートが取り付けられている。初期型の操縦手用ヴィジョンブロック、150mm榴弾砲ボールマウント(*)のディテールに注目。
(RAC Tank Museum)
(*訳注:マウントはボールマウントではない)

シュトゥルムティーガー。ロケット弾用クレーン、ロケットランチャー上の目立つ砲口カウンターウェイトが見える。
(RAC Tank Museum)

配員および編制
manning and organisation

　突撃砲兵隊員はすべて志願で、彼らの兵科の中でエリートと考えられていた。突撃砲兵隊は多数の第一級、第二級鉄十字章を受賞しただけでなく、325個の黄金ドイツ十字章、140個の騎士十字章、さらに後に14人がその十字章に柏葉を獲得している。いうまでもなく突撃砲兵隊員はその名前を誇りに思っており、彼らの団結心は非常に高かった。多くの部隊が目立つ部隊シンボルを選び、明らかにそのときの指揮官の自由裁量で彼らの車両に塗装された。

訳注23:マウントはボールマウントではなく、上下左右限定旋回式の砲架に半球形の装甲カバーが取り付けられているだけである。

訳注24:ブルムベアーは1943年4月から1945年3月までに、298両が生産され8両がⅣ号戦車から改造された。

訳注25:38cmロケットランチャーの弾頭は350kg、射程は6000mであった。無誘導のロケット弾でもちろんミサイルではない。

訳注26:シュトゥルムティーガーは1944年8月から12月までに、18両がティーガーから改造された。

ドイツの最初の装軌式戦車駆逐車、1号戦車駆逐車の側面を見事にとらえた写真。この写真は本車の構造をよく示している。(Bundesarchiv)

　1940年までに突撃砲中隊の突撃砲の数は、ふたたび4両から6両に増加された。そしてフランス戦に参加したいくつかの部隊の成功によって、突撃砲のアイデアに対してかなりの熱狂が沸き起こった。大規模生産が開始され、ユーターボグの砲兵学校は、最初の大隊に対する訓練を開始した。

　最初のペースはゆっくりしたもので、3カ月ごとに1個大隊が編成されただけだったが、後には2カ月ごとに3個大隊に加速された。1943年に突撃砲兵はマグデブルクの近くのブルクに自身の学校を設立し、訓練された部隊と交替要員の流れは急速に増加した。最終的に、とくに戦車駆逐任務に向けて訓練された部隊や、戦力の低下した機甲師団の増援に送られたものを除いて、およそ70個大隊が編成された。

　新しい大隊は、本部中隊(大隊長の突撃砲、大隊輸送段列、回収、修理、医療部隊)と、各々2両を装備する小隊3個と中隊段列、修理所からなる突撃砲中隊で編成されていた。中隊内の編制は、後に各小隊に1両の突撃砲、中隊長にもともと野戦指揮に使用していた装甲指揮車に代えて突撃砲が与えられたことで増強された。その結果大隊の戦力は31両となった。

　1943年に突撃砲大隊の名称は突撃砲旅団に変更されたが、これは主として敵が実際より大きな突撃砲戦力が展開していると思わせることを期待してのことだった[訳注27]。

　1944年に最初の突撃砲旅団が編成された。名称がわずかに変更された以上のことがあった。これらの部隊はより多くの装備をもっていた。旅団司令部は3両のL48砲からなり、各中隊司令部は2両のL48砲、中隊は4両のL48砲小隊2個に4両の突撃榴弾砲42型からなり、全部で45両を装備していた。

　接近戦や市街戦での歩兵の対戦車火器に対する防御のため、護衛擲弾兵中隊が加えられて、さらに戦力が増強された。各中隊は士官2名と兵士

訳注27：そうした面もあったかもしれないが、実際の理由としては歩兵、山岳その他師団に配属されるようになった中隊規模の突撃砲大隊と区別するために名称が変更された。

1号戦車駆逐車の別角度。1942年晩夏にスターリングラード郊外で行動中の様子を示したもの。4.7cm砲の砲員の防御は最小限でしかない。(RAC Tank Museum)

マーダーⅡは、Ⅱ号戦車A、B、C、F型車体に7.5cm Pak40/2対戦車砲を搭載したものである。(RAC Tank Museum)

訳注28：実際にこの編制をとった突撃砲旅団は、第259、第278、第303、第341の4個しかなかった。

凍りついていない雪が舞い上がって無煙火薬の効果を打ち消す。これではすぐに砲位置が判明してしまう。
(Bundesarchiv)

196名の定数をもち、ほとんどはアサルトライフルを装備し、小さな工兵部隊も保有していた。すべての突撃砲旅団がこの戦力に強化されることが期待されたが、それは不可能だった［訳注28］。

その間、1943年初めには、ドイツの戦車工業は、完全なる混沌に陥っていた。そして突撃砲の生産は着実に戦車の生産を引き離して行った。というのも戦車の生産はより難しく費用がかかったからである。Ⅲ号戦車の生産は、突撃砲に必要とされている車台へと流用するため、1942年に停止された。機甲師団の屋台骨を担うⅣ号戦車の生産を止めて、ティーガーとパンターに集中すべきであるという、破滅的だが真剣な提案がなされた。Ⅳ号戦車の車体はすでに危険なまでの比率で、自走砲や駆逐戦車、突撃砲に割り当てられていた。生産ラインから送り出されるティーガーは、毎月25両でしかなかった。そしてパンターはまだフル生産に入っていなかった。

いくらか秩序らしきものを回復するためヒットラーは、傑出した才能をもってはいたが一時的に罷免されていたハインツ・グデーリアン大将を呼び戻し、機甲部隊総監に任命せざるを得なかった。権限は武装親衛隊やドイツ空軍まで広い範囲に及んだが、突撃砲は含まれていなかった。1943年3月9日、グデーリアンが高級士官の会議に参加したとき、彼はこの例外を正そうとした。しかし彼のすべての突撃砲兵をも自分の隷下に置こうとする提案は封殺された。これは明らかにヒットラーを喜ばせた。その理由はヒットラーの主席副官のシュムント将軍が、突撃砲兵は砲兵が騎士十字章を獲得できる唯一の分野だと間抜けにも主張したからではなく、戦場における技術の変化によってであった。

ヒットラーは、どんな厚さの戦車の装甲も貫徹できる成形炸薬弾の導入と、そのような装備が歩兵に拡散したことによって、戦車がすべてを支配する時代は終わったことを直感的に理解していたのである。彼の思考はいまや対戦車防衛に集中していた。突撃砲はこの面で最も効率的に任務を果たし、生産の危機の影響を受けてはいないので、彼は介入されるべき理由はないと見ていた。この見解は多くの高官にも支持された。

グデーリアンは突撃砲に関係する、もうひとつのポイントを持ち出したが、こちらは明らかに有効だった。「対戦車防衛はますます突撃砲にゆだねられるようになっていくだろう。というのも我々のその他の対戦車兵器は新しい敵の装備にたいしてますます効果的でなくなっていくからである。ゆえに主戦場のすべての師団は、これらの兵器の補充を必要としている。二義的戦線では、司令部予備として突撃砲でなんとか対処しなければならない。一方師団には当面自走対戦車砲を装備される。人員と資材を節約するため、徐々に突撃砲大隊と戦車駆逐大隊を合体させることが必要である」。

グデーリアンが彼の著書『一兵士の追想』(原題：Erinnerungen eines Soldaten)で記述しているように、「白熱した議論の後に」これは受け入れられた。その間にも、ほとんどの機甲師団の戦車部隊は、危険なまでに戦力が低下した。そして差し迫った必要のために、いくつかの部隊では、急ぎ突撃砲で補充された。突撃砲は確かに前線地域での火力支援は行うことができたが、戦車が行うのとまったく同じ能力を発揮することは期待できなかった。

一般に突撃砲はそれが必要な時と場所に配置さ

れた。ごく限られた師団だけが、1個の完全編制の突撃砲大隊を保有していた。拡大された「グロースドイッチュラント」部隊がそれだが、SS機甲師団「ライプシュタンダルテSSアードルフ・ヒットラー」、「ダス・ライヒ」、ドイツ空軍機甲師団「ヘルマン・ゲーリング」などと同じく例外である。

tactics

戦術

以下に抜粋された内容は、1944年に発行された突撃砲車長ハンドブックと名付けられた本から採られたものである。

■一般原則

突撃砲は前線地域でのすべての状況下で歩兵に、即座の直接支援を行う任務を与えられており、突撃砲自身の火力で敵の重兵器の火力に打撃を加えて制圧する。

突撃砲は火力に機動力と衝撃的行動力が組み合わされている。その防護された火器システムと、即座の直接火力指向能力によって、突撃砲は戦場のいかなる地域でも歩兵に追従することができ、歩兵に近接して物理的な支援を与え、士気を向上させることができる。突撃砲は砲兵の原理に基づいて運用され、第一線にある砲兵とみなされる。彼らの作戦の特徴は「集中」である。この原理の放棄は、不必要な損失を招く。

すべての行動において、敵戦車の破壊はとくに重要である。そうではあるが、突撃砲を単なる戦車駆逐車として運用することを許してはならない。

「石炭泥棒」のニックネームをもつマーダーⅡ。本車は多くの写真が残されている。「石炭泥棒」というのは、ドイツの演芸場ではイギリスの「スピヴ」(悪知恵で世を渡る者)と同じように有名なキャラクターである(*)。砲身に描かれたキルマークの輪が、すでに20両以上を撃破したことを示す。本車はあるドイツ人著述家によって、第29歩兵師団に所属していたことが判明している。(Bundesarchiv)
(*訳注:本車に描かれた「石炭泥棒」は、ナチスが行ったエネルギー資源節約励行キャンペーンのポスターに登場する石炭泥棒のキャラクターを模したものである)

反撃任務では、突撃砲は敵戦車の攻撃あるいは敵の前線への侵入に対する、予備打撃力として運用されるのに適している。前進あるいは追撃の先鋒として、すばやく抵抗拠点を破壊する。

　行動停止や離脱にあたっては、突撃砲はその機動力と火力を活かして後衛の要となる。

　砲火力を前線戦闘地域の特別な弾幕射撃に一時的に使用することは、他の砲兵部隊がこの任務を達成不可能で、突撃砲の主要任務を阻害しないのであれば許容し得る。

　突撃砲は静的状況下での運用には適していない。突撃砲に適した唯一の賢明な機能は、歩兵、機甲擲弾兵、戦車作戦中の、近接協同行動である。

■展開

　作戦中の突撃砲は、歩兵あるいは機甲擲弾兵、場合によっては機甲師団の指揮下に置かれる。連隊以下の部隊の指揮下に置かれるのは例外である。

　部隊指揮官は突撃砲の特性を理解していなければならない。それによって協同行動から得られる利益を極大化することができる。狭い戦線で行動する全旅団の火力集中と衝撃効果によって、最大の結果が得られる。

　戦術単位は旅団である。突撃砲を部隊に分配するあるいは1両で使用することは、火力の集中効果を損ない、敵の防衛を助けることになる。それゆえ単一小隊による歩兵支援は、例外的な場合に限定され、小隊は作戦の決着がつけばすぐに旅団の指揮下に戻されなければならない。突撃砲が1両だけで前線に展開するというようなことはあってはならない。というのも突撃砲は、戦術的あるいは技術的に困難な状況下で、相互に支援を与えあうように設計されているのである。

　突撃砲の奇襲がより大きな驚きを作り出せば、結果はより良いものとなる。接敵行軍と最終準備は、夜に行われるのが最良であり、騒音はラウドスピーカーか砲兵射撃でかき消される。突撃砲は攻撃準備射撃には参加しない。

　旅団の司令官は補給物資や技術支援機材を、最前線で使用できるよう準備し、突撃砲がこの集結地点に後退する正確なタイミングを調整する。

■歩兵との協同

　歩兵は突撃砲の火力支援を、極大化し直接活用しなければならない。歩兵と突撃砲の火力と行動は、相互に了解しなければならない。歩兵と突撃砲がゆるやかな隊形をとることで、最良の結果が得られる。突撃砲は敵砲火のほとんどを引き付けるので、歩兵は突撃砲の後方に集まるべきでない。これは大きな損害を招く。その代わりに歩兵は、注意深く間合いを計りながら突進を繰り返して前進すべきである。

　突撃砲と歩兵の重火器の協同は、前もって了解されているべきである。突撃砲が敵対戦車砲の危険にさらされている場合にはとくにそうである。

　開豁地（かいかつち）では、突撃砲は前進を先導する。狭窄した土地では、歩兵が先導する（加えて森林地帯では、高く生えた木々で突撃砲の見通しが効かなくなる。この文書ではとくにヒマワリ畑の中について言及されている）。後者では、歩兵は彼らの進路の、地雷、悪路、対戦車砲陣地といったあらゆる障害物を、突撃砲に警告する責任を負う。

　目標の相互の確認は、曳光弾、信号拳銃、射撃による示唆、手信号などで行われ得る。

捕獲されたロシア軍の76.2mm対戦車砲（＊）はドイツ軍の7.5cm弾薬が使用できるよう薬室が削工され、旧式のチェコ製38（t）戦車に搭載されて、マーダーIIIが作り出された。1942年5月に、これらの車両のうち117両が北アフリカに送られ、重装甲のマチルダIIの脅威となった。
(Bundesarchiv)
（＊訳注：野砲）

負傷した乗員を載せて、戦闘行動から離脱途上のマーダーIII。(US National Archives)

突撃砲と歩兵指揮官は、行動中は常に密接な連絡を保つべきである。

■野戦砲兵との協同

突撃砲の射撃に加えて野砲によって補足射撃が行われる場合、個々の射撃計画の厳密な調整が絶対不可欠である。

突撃砲は無線機を使用して、野戦砲兵と攻撃の先鋒部隊と連絡を絶やさず、必要な防護射撃のために早期に警報を出して、支援の砲兵射撃を最良に活用できるようにする。

野戦砲兵は敵砲兵と、指揮所を無力化する任を負い、攻撃の前路を啓開し側面を援護し、損傷を受けた突撃砲の回収のおりに防護を与える。

しかし突撃砲と砲兵火力統制官との密接な協力は予備的任務であり、歩兵に直接火力支援を与える主要任務を損ねてはならない。

■工兵との協同

突撃砲と工兵との協同は、犠牲と損失を防ぐことができる。突撃砲火力の支援の下で、工兵は地雷原に通路を啓開し、対戦車壕を埋め、損傷した橋を補強することができる。強化陣地への攻撃の間、各突撃砲中隊は作戦継続のため工兵隊に分散される。

突撃砲はすべての戦闘局面において、工兵の支援に明らかに適している。

■ルフトヴァッフェ(ドイツ空軍)との協同

ルフトヴァッフェの地上戦闘への介入は、敵に混乱をもたらし土埃や煙を立ち込めさせ

ることで、突撃砲に利益をもたらす。支援の飛行中隊に前線の位置を知らせるために、突撃砲はオレンジの発煙マーカーを射出するか、発煙弾か曳光弾を発射することで、飛行機に適切な目標を示すことができる。

ルフトヴァッフェとの協力のために、突撃砲旅団にはFu7航空協同用無線機が配備されている。

■擲弾兵の護衛任務

擲弾兵の第一の任務は、戦闘のあらゆる局面で突撃砲の防御を行うことである。護衛擲弾兵は突撃集団ではない。擲弾兵は装甲されてもおらず、そうした任務を遂行することもできない。その代わりに彼らは特別な任務を遂行するのである。

突撃砲に密接した護衛を提供することとともに、擲弾兵は曳光弾や手信号で目標を示し、突撃砲に対戦車陣地、地雷原、その他の障害物を警告し、作戦開始線までの経路を確保する。また宿営地では突撃砲を防護する。

特定の突撃砲に指定されたら、護衛擲弾兵は行動の間中、その突撃砲の下に留まる。もし彼らが後落する恐れがある場合には、車両の前方の地上にアサルトライフルを射撃して、車長の注意を喚起しなければならない。そして最終的に連絡を回復するのだ。

旅団の編制に護衛擲弾兵中隊が含まれていない場合には、歩兵部隊はこの任務を果たすために十分なだけの兵士を派遣する。

■敵戦車

突撃砲が敵戦車部隊と遭遇した場合は戦わなければならない。取るべき手段としては、ファイアー・フロント（集火点）を作り出すか敵編隊の側面を衝く。

敵の攻撃が歩兵を伴う場合、歩兵には突撃榴弾砲だけが対処し、残りの突撃砲は戦車に対処する。これは敵の歩兵を戦車から引き離す効果がある。この種の行動のためには、

1942年夏、開けたステップ（草原）地帯で撮影されたマーダーIII。本車にとって、乗員の装具や作戦中にかならず追加される、さまざまな追加車載物を搭載するスペースが非常に限られていることはともかくとして、主砲用弾薬が30発しか搭載できないことは重大なハンディキャップであった。乗員はリードグリーンのデニム搭乗服を着用し、黒にピンクの縁どりのある戦車搭乗員用略帽を被っている。(Bundesarchiv)

1両の突撃榴弾砲に2両の突撃砲という部隊編制がとくに望ましい。

■訓練および天候

地形、地表面の性質、道路の状態などすべてが突撃砲の作戦に影響する。地形を全面的に活用することで兵器の能力を増大させることができ、損失を減らし装備の損耗を防ぐことができる。

冬季に積雪が50cmにもなると、突撃砲の完全運用は阻害され、非常な酷寒がエンジンに与える影響を考えた特別な準備が必要になる。酷寒は弾薬にも影響を与え、跳弾や暴発の両方の可能性がある。榴弾砲は2倍の装薬を使用することでその効率が保てる。突撃砲の運用は困難で凍死の危険性さえ存在する。それゆえ寒さへの対策が、とくに繊細な注意をもって必要とされる。

マーダーIIIの後期型は、ドイツの7.5cm Pak40/3を装備し、エンジンは「ミッドシップ」となり、戦闘室は後部に配置されていた。主砲の(向かって)右側の装甲板に切り欠かれた開口部に注目。砲手の照準器用のものである。また砲固定具にも注目されたい。砲のロックを解除するには、砲手が砲身を上げるだけでよく、そうすると固定具(ロック)は前に倒れる。(RAC Tank Museum)

active service
実戦運用

1939年のポーランド戦役では、1個の突撃砲部隊も運用できなかった。しかし1940年夏までには6個中隊が編成され、そのうち4個(第640、第659、第660、第665)がフランスで作戦し、1個が「グロースドイッチュラント」歩兵連隊を支援した。1941年のユーゴスラヴィアとギリシャに対するバルカン戦役中には3個大隊が展開し、この数字はロシア侵攻では倍増した。北方、中央、南方軍集団は、それぞれ2個の支援の突撃砲大隊を保有していた。その後運用可能となるやいなや、続く大隊が急速な進撃を追いかけて東部戦線に派遣された。

ロシアとの戦争でこの兵器が迎えたその後の大勝利と悲劇は歴史が記録している。ただし突撃砲部隊はフィンランド、イタリア、ノルマンディその他西部戦線でも活動した。北アフリカでの活動は限定的で、ごく少数の車両が崩壊の直前にチュニジアに送られただけである[訳注29]。戦役の砂漠戦の期間には、突撃砲に対する要請は小さかった。そこで展開されたのは絶対的に戦車戦だったからである。

突撃砲兵の劇的な歴史の中の、特筆すべきほんのいくつかの出来事を記録するだけでも、この本が何巻分も必要になる。以下で1部隊のごく限られた期間をたどってみるだけで、おそらく読者は突撃砲の戦いについてある程度の理解が得られるだろう。

1941年9月、軍団直属部隊、第667突撃砲中隊は、レニングラード地域でドイツ第1軍団の歩兵を支援して一連の戦闘を行い、大隊長のヨアヒム・リュツオウ中尉は騎士十字章を授与された。以下は彼についての広報発表から抜粋したものである。

「突破の楔型隊形の先頭を勤めたのは、リュツオウ中尉とその第667突撃砲中隊であった。1942年9月12日から19日までに軍団は、9万6500名の捕虜を得て92門の砲を捕獲した。225カ所の近代的特火点を粉砕し、301カ所の重火器と機関銃陣地を破壊した。こうした戦果が得られたのはリュツオウ中尉の断固とした行動の結果である。

訳注29：それ以前にも第288特殊部隊のⅢ号突撃砲3両が、ロンメルとともに北アフリカで戦っている。

訳注30：突撃砲の側面装甲板はそれほどぶ厚いものではなく、とてもT－34の76.2mm徹甲弾に抗堪できるとは思えないので、ロシア戦車は榴弾を撃ったのだろうか。あるいは低いシルエットの突撃砲をはっきりとは視認できず、対戦車砲と間違えてやみくもに榴弾射撃を加えたのかもしれない。

中隊はその後前線から引き上げられ、ユーターボグに帰還し、そこで番号はそのままに大隊に拡大された。1942年8月に東部戦線に戻り、すぐに中央軍集団のチレッピン橋頭堡で、行動に入った。

川岸に沿ったロシア軍の攻撃で、孤立した橋頭堡は脅威にさらされ、ドイツ軍歩兵は恐慌にみまわれたが、第667突撃砲大隊第1、第3中隊の戦力を誇示した断固たる行動で敵を停止させることに成功した。事態を収拾することに成功してから、突撃砲はわずか20名の歩兵とともに、侵入したロシア軍のもはや見込みのない攻撃への反撃に出て、橋頭堡を回復しその間に19両のT－34を撃破した。

この後大隊は北方軍集団の指揮下に戻り、モスクワの北西ルジェフでの、ロシア軍の激しい戦車攻撃に対する防御戦闘に従事した。1942年8月28～31日の4日間に、少なくとも83両の敵戦車を破壊し、そのうちの18両が第3中隊長のクラウス・ヴァーグナー中尉の獲物であった。ヴァーグナーは騎士十字章を受賞したが、重傷を負いバウアーマン中尉が指揮を引き継いだ。

ロシア軍は圧力をかけ続け。9月9日には50両のT－34が、可動車両がわずか5両となっていた第3中隊を圧倒した。このような状況下でも、突撃砲は10対1という劣勢で戦い続け、敵戦車と随伴する歩兵に手痛い損害を与えた。ロシア軍のまずいやり方にもかかわらず数がものをいいはじめ、突撃砲は1両また1両と撃破され、バウアーマンのすでに損傷を受けている車両だけが残された。

勝利を確信してロシア歩兵は怒涛のごとく前進してきたが、その隊列はバウアーマンの7.5cm砲弾の爆発で間隙が空き、天井に装備された機関銃で撃ち倒された。攻撃はたたきつぶされ地歩を失い最終的に崩壊した。そして後には33両の燃え上がる戦車の残骸が残された。第3中隊は生き残ったものの、単に生き延びただけで後退して予備となり、休息と補充にあたった。バウアーマンはドイツ黄金十字章を授与された（1945年5月3日、少佐として第300（野戦）突撃砲旅団を率い、バウアーマンはまた騎士十字章を受賞した）。

しかし第3中隊の休息期間は短いものとなった。というのは9月15日にロシア軍はふたたび攻撃を行い、今回は前線地帯でほとんど突破寸前の状況に陥ったのである。中隊の残りの到着を待たずに、フーゴー・プリモジック軍曹は彼の小隊を、激しく圧迫を受けていた歩兵部隊が守る前線地帯に向かって発進させた。3両の突撃砲の行軍は小低木の繁茂した小さな丘で隠され、敵に発見されなかった。

プリモジックは彼の小隊を隠して突撃砲を降りると、徒歩で前線の歩兵のところに行き状況を確認した。一翼は土手に沿って道路が走り、反対側は河岸となっていた。その間の地表は前回のロシア戦車の攻撃でがれきの山となっており、敵の砲撃による砲弾孔が穿たれていた。遠くの低い丘を越えて、第一波のT－34が射撃しながらやってきた。

オチキスH.39戦車をベースにした7.5cm戦車駆逐車が、はっきりロンメルとわかる人物の前を通過して前進する。Dデイ直前の写真。
（RAC Tank Museum）

プリモジックは彼の突撃砲に飛んで返ると、小隊を小低木の縁の側面からうまく攻撃できる位置につけた。彼の車両が敵の先頭を行く戦車の1両に発見されたちょうどそのとき、彼の砲手は照準の微調整を終えた。ロシア戦車は第1弾を射撃したが、弾丸は突撃砲の側面装甲板で粉砕された[訳注30]。一瞬後に7.5cm砲が吠えT－34はものすごい爆発を起こして吹き飛んだ。砲手が次の目標に向けて砲を旋回させている間に別のT－34も破壊された。

プリモジックの指揮下の2両の突撃砲も、横に並んでロシア戦車を射撃し続けた。いまや距離は800

ヤード(730m)ほどになり、ロシア戦車は次々と撃破された。遠くの丘を越えて第二波の戦車が押し寄せ、その後方からは雄叫びを上げる茶色の歩兵が続く。突撃砲は、榴弾と機関銃火を指向して、歩兵を戦車から分離しようとした。

高速の徹甲弾の鋭い飛翔音によって、プリモジックは彼の小隊がロシア戦車の最優先目標となっていることを知った。彼はいったん車両を小低木の背後に後退させ、それから少し左の新しい発射位置に移動した。その間もT-34はもはや何もいない場所に無駄弾を撃ち続けていた。

距離はいまや300ヤード(27m)を切った。1両のKV-1が、プリモジックの前面装甲板に命中弾を放った。榴弾は雷が落ちたように激しく爆発したが、なんの損害もなかった。ドイツの砲手は注意深くこの目標の砲塔を狙ったが、弾丸が43トンの怪物に跳ね返されるのを見ただけだった。彼はもう1発撃った。今度はKVはハッチから煙を吹き出して停止した。

次に2両のT-34を側面から攻撃した。1両の砲塔が吹き飛ぶと、もう1両は回れ右して残りのロシア戦車の後を追って、丘に向かって逃げ出した。前方400ヤード(370m)のトウモロコシ畑の中の少数の随伴部隊は、プリモジックの戦闘室から短い射撃が浴びせられるとすぐに一掃された。

3両の突撃砲は彼らだけで孤独な戦闘を行い、危険な地域の突破を防ぎ全部で24両もの敵戦車を葬った。プリモジックはドイツ陸軍から騎士十字章を授与された、最初の下士官となった。そして1943年1月28日の同じように勇敢な行動で、その勲章に柏葉を追加されたのである。

この交戦が示しているのは、低姿勢の突撃砲は容易にその適当な射撃位置を隠蔽することができ、このためロシア戦車の乗員は彼らを嫌悪した。模倣というのはへつらいの誠実な形であり、赤軍は自ら突撃砲の雑なコピーを作り上げ、捕獲車両が搭載する7.5cm砲を自分たちの使用する砲のひとつである76.2mm砲と交換して使用した[訳注31]。しかしドイツの突撃砲乗員の基本的技術と戦闘能力はコピーすることができなかった。

1943年終わりまでに、突撃砲だけで1万3000両もの敵戦車を撃破したと見積もられており、さらに翌春にはこの数字は2万両に増加した。戦争の最後の年に関する数字はないが、数学的に積算すると、撃破された戦車の総数は3万両を下ることはない(15カ月におよぶルジェフ地区の戦いで、第667突撃砲大隊の3個中隊だけで、なんと1000両もの多数のロシア戦車を破壊しているのである)。

こうした戦果によって突撃砲は、ドイツの軍事史の中で、栄誉ある地位を占めている。そして再建されたドイツ連邦軍が、最初に開発した装甲車両のひとつが、実質的に第二次世界大戦を通じて運用されたそのデザインの実質的コピーであったことは、まったく驚くには値しないのである。

いくらかの旧式フランス戦車車台が、戦車駆逐車任務に転用された。この車両はR.35戦車の車台に4.7cm対戦車砲を搭載したもの。少数が製作され、主として訓練用に使用された。(RAC Tank Museum)

訳注31：Ⅲ号突撃砲を改造してロシア製76.2mm砲を搭載した車体はSU-76iと呼ばれるものである。1943年に約200両が改造された。

フランス製車両からの改造で最も成功した例が、ロレーヌ装軌式牽引車を使用した車両であった。本車は7.5cm砲を搭載しマーダーⅠと呼ばれた。まず有利であったのは「間に合わせの構造物」の高さが、オチキスなどと比べて低かったことである。やみくもに使えるベースに関係ないコンポーネントをボルト止めするやり方では、車体が過大になってしまう欠点があった。(Bundesarchiv)

tank destroyers

駆逐戦車（戦車駆逐車）

　ドイツ軍の駆逐戦車は、必要の差し迫った状況において大急ぎで開発された兵器システムである。戦争勃発前に、グデーリアンは機甲師団とともに運用される自走対戦車砲兵の必要性を予測していた。しかしほとんど何も行われることもなく、I号軽戦車の車体に4.7㎝L43砲を装備した車両がわずかに作られただけで、ドイツ軍は1941年を迎え、この手抜きは高くついたのである。

　イギリス軍のマチルダ歩兵戦車は北アフリカで、その80㎜の装甲がイタリア軍の射撃できるすべての火器に不死身であることを示した。そして1941年5月27日、ハルファヤ峠の戦いの間、160両の戦車を保有する第5軽師団は1個の貧弱なマチルダ中隊に阻止されるという不名誉な被害を被り、ロンメルは何人かの高位士官を解任するか軍法会議に訴えるはめに陥ったのである。

　ロシアではもっと不愉快な驚きが、機甲師団を待ち構えていた。クリメント・ヴォロシーロフ（KV）重戦車と新型T-34中戦車は、両者ともに威力のある76.2㎜砲を装備し、ドイツ戦車よりも長射程であった。さらにロシアの設計はどちらにも非常に強固な装甲を施しており、前者は75㎜の通常型の装甲をもち、後者は45㎜の前面装甲板が後ろに60度の角度で傾斜していて、実質90㎜の防御効果を与えていた。

　引き続く戦闘で突撃砲は、自身のもつ厚い前面装甲もあり、制式戦車よりも大きな損害を与えることができた。しかしIII号、IV号戦車により大きな武器が搭載できるようになるまでは、マチルダやロシア戦車の装甲を貫徹できるのに十分な破壊力をもつ、完全自走式対戦車砲がどうしても必要であった。この段階では牽引式対戦車砲装備は機甲師団についていくには遅すぎ、あるいはこの任務に必要なだけ強力ではなく、高い性能をもつ空軍の8.8㎝両用砲は、供給数が少なくかさ張って扱いにくかった。

　しかし7.5㎝対戦車砲は大量生産の途上にあり、幸運にも多数の旧式ドイツ、チェコ、フランス製戦車車台が同時に使用可能であった。2つの産物を組み合わせることは、この問題の論理的な解決法であった。

大戦中のイタリア戦区における珍しい写真。捕獲されたIII号突撃砲がアメリカ軍のM31回収車に牽引されている。この写真ではIII号突撃砲の低い姿勢が強調されているが、これゆえに突撃砲は他の車両に比べて容易に隠蔽できた。M31は砲塔を撤去したM3リー中戦車に、回収用装備を取り付けた車両である。(US Military History Institute)

駆逐戦車（戦車駆逐車）の装備
Panzerjäger Equipments

　戦車駆逐車の第一世代の装備は、すべて同様の基本的傾向をもっていた。砲が戦車車台上に取り付けられ、戦闘室は固定式のオープントップの装甲板で形成された上部構造物で防護されており、砲は限定的な旋回しかできない。これらは目的に合わせて作られた駆逐戦車の出現までの間に合わせの一時的解決法でしかなかったが、非常に効果的であった。

　Ⅰ号戦車駆逐車についてはすでに述べたが、Ⅰ号戦車B型の車体をベースにしている。原型の砲塔は撤去されて、代わりに高い防盾が設けられてその中に4.7㎝ L43チェコ製カノン砲が搭載されていた。重量はおよそ8トンで、速度は38.4km/h、1940年から1941年の間に歩兵師団の対戦車部隊で運用された[訳注32]。

　マーダーⅡは1942年から運用が始められた。Ⅱ号戦車A、B、C、F型の車体をベースにして、新型の7.5㎝ L46 Pak40/2対戦車砲を搭載していた。同砲は6.8kgの弾丸を砲口初速790m/sで撃ち出すことができた。乗員は4名である。重量は11トン、最大速度は40km/hであった。この改造型は1942年から1943年の間に、全部で531両が生産された[訳注33]。

　Ⅱ号戦車D、E型[訳注34]車体は別の装備に使用された。この車両も紛らわしいことにマーダーⅡとして知られている[訳注35]が、両者の外見ははっきり異なっている。D、E型バージョンは、かなり後ろまでの背の高い箱型の上部構造物をもち、捕獲されたロシア製のモデル36 76.2㎜カノン砲をドイツ軍の7.5㎝砲用装薬が使用できるように、薬室を削り直したものを搭載していた。同砲の砲口初速は720m/sで、後に改良型の弾薬[訳注36]を使えば960m/sに達し、ロシア戦車を撃破する能力を発揮した。

　本車は185両が製作され、同名の車両と同時に同様に使用された[訳注37]。場合によっては砲は、その使用状況に応じて個々の車両間で載せ換えられた。砲にはマズルブレーキが取り付けられたものも取り付けられないものもあつた[訳注38]。

　ロシア製の砲は、チェコ製の38 (t)戦車の車体を使用したマーダーⅢの初期型にも使用された。本車もまた砲マウントとして背の高い箱型の上部構造物を有していた。この形の車体は344両が製作され、このうち117両が1942年5月に北アフリカに送られ、マチル

訳注32：Ⅰ号戦車B型車体搭載4.7㎝対戦車砲(自走式)は、1940年3月から1941年2月までに202両が改造された。対戦車大隊に配備され、1940年のフランス戦以後、1943年頃まで使用された。

訳注33：Ⅱ号対戦車搭載7.5㎝ Pak/2lは、1942年6月から1943年6月までに576両が生産され、1943年7月から1944年3月までに75両がⅡ号戦車から改造された。生産型はⅡ号戦車F型車体を使用していたが、改造型はⅡ号戦車と、A、B、C、F型車体を使用していた。対戦車、戦車駆逐大隊に配備され、終戦まで使用が続けられた。

訳注34：これらはⅡ号戦車の中でも特異なタイプで、他の型とは異なる車体形状にトーションバーサスペンションを有していた。

訳注35：正式には本車はマーダーⅡとは呼ばれないのだが、一般にはこう呼びならわされている。

訳注36：高速徹甲弾のこと。

訳注37：Ⅱ号戦車D、E型搭載7.62㎝ Pak36(r)は、1942年4月から1943年6月までに201両が改造されて戦車駆逐大隊に配備され、1944年頃まで使用が続けられた。

訳注38：そのような例がなかったと断言はできないが、マズルブレーキなしでは後座力が増加して危険であり、あまりあったとは思えない。

Ⅳ号戦車の車体にⅢ号戦車のトランスミッションを組み合わせて8.8㎝砲に機動力を与えたものが、ナースホルン戦車駆逐車である。馬上の兵士は郵便配達の下士官で、いつでも歓迎される来訪者だった。
(Bundesarchiv)

一流の砲プラットフォームではあったが、ナースホルンは防御力が貧弱でその巨大なサイズは隠蔽を困難なものにした。本車は基本のイエローに、濃淡の斑にブラウンとグリーンが塗られている。戦術マーク（長円形の「軌道」のシンボルの上に「T」）が、開いたハッチの右下に見える。残念ながら右側のハッチが、大きい盾形のなかに描かれた部隊マークを隠してしまっている。マークはその縁だけがわずかに見える。(Bundesarchiv)

訳注39：7.62cm Pak36（r）用38（t）戦車駆逐車は、1942年4月から10月までに344両が生産され、1943年に19両が38（t）戦車から改造された。主に東部戦線の戦車駆逐大隊に配備され、北アフリカに送られたのは66両である。

訳注40：初期型は35km/h。38（t）戦車搭載7.5cm Pak40/3は初期のH型が、1942年11月から1943年4月までに試作車1両と生産型242両が生産され、1943年に175両が38（t）戦車から改造された。後期のM型は、1943年4月から1944年5月までに975両が生産された。本車は機甲、歩兵師団の戦車駆逐大隊に配備され、全戦線で広く使用された。

訳注41：このマーダーⅠというのは正式名称ではないが、一般にそう呼ばれている。ロレーヌ装軌式牽引車搭載7.5cm Pak40/1は、1942年7月から8月までに170両が改造され、フランス駐留の対戦車大隊に配備された。

訳注42：39H（f）砲車（オチキス戦車のこと）搭載7.5cm Pak40（自走式）は、1942年に24両が改造された。FCM（f）砲車搭載7.5cm Pak40（自走式）は、1943年に10両が改造された。

訳注43：正しくはⅢ号戦車とⅣ号戦車の車体共通化のために開発されたⅢ/Ⅳ号戦車車台を流用したものである。

訳注44：ナースホルンは1943年2月から1945年3月までに494両が生産された。軍または軍直轄の重戦車駆逐大隊に配属されて、東部、西部、イタリア戦線で使用された。

訳注45：本書ではこの第二世代についてはその形態の変化に鑑み、駆逐戦車と表記することにしている。

訳注46：名称は原型車体がポルシェ型ティーガーを意味するティーガー（P）であり、駆逐戦車型は当初フェルディナントと命名されたが、後にエレファントに改称された。

ダの脅威と戦った。これらは非常に成功した車両であり、イギリス軍は早合点して、恐ろしい「88」の機械化バージョンとして取り扱った[訳注39]。

　マーダーⅢの後期型はドイツ製の7.5cm L46 Pak40/3対戦車砲を搭載しており、ロシア製火器とほとんど同様の性能を有していた。本車には2種類があり、車体のかなり前に戦闘室があるものと、もう一方はエンジンが中央部に移り戦闘室は後部に配置されていた。生産された1577両のマーダーⅢのほとんどは、マーダーⅡと同じ性能をもつ車両としてロシアで運用された。乗員は4名で重量10.5トン、最大速度は42km/h[訳注40]であった。

　捕獲されたフランス製戦車のいくらかも、1943年に戦車駆逐車用途に転用された。いくつかには旧式な3.7cm、4.7cm対戦車砲が取り付けられたが、最も重要な車両はロレーヌ牽引車にドイツ製7.5cm Pak40/1対戦車砲を搭載したものである。この装備はマーダーⅠとして知られる[訳注41]。

　7.5cm砲はオチキスとFCM戦車車台にも少数搭載された[訳注42]。一般にフランス戦車の改造型は二線級装備とみなされ、主として被占領国に配備されて、訓練または警備任務に使用された。

　最後のそして最大の暫定型戦車駆逐車は、ナースホルン（サイ）と呼ばれており、1943年に導入された。ナースホルンは東部戦線において8.8cm対戦車砲に機動力を与えるという困難な課題を解決した。本車では、L71 Pak43/1型対戦車砲を、Ⅲ号戦車のトランスミッションと最終減速機を組み合わせたフロントエンジンとしたⅣ号戦車車体[訳注43]のほとんどを占める大型戦闘室に搭載している。ナースホルンは30両の兵力をもつ重戦車駆逐大隊に配備され、戦況の必要に応じて軍の直轄で運用された[訳注44]。

　機動力に重火力を組み合わせているものの、本車は前線装備としては軽装甲でその大きな車高（2.65m）は、隠蔽された火点を選定する上で不利となった。重量は24トンで乗員は5名、速度は42km/hを発揮できた。その名称はヒトラー自身によって授けられたもので、明らかに彼はそのもともとの名前「ホルニッセ」（スズメバチ）が獰猛さを欠くと考えたようだ。

　次の装備は戦車駆逐車の「第二世代」[訳注45]と考えられ、これらについては以下に詳細が語られている。

　8.8cm Pak43/2は、最初の完全密閉式駆逐戦車エレファントに使用された。なお本車は場合によってはティーガー（P）、あるいはその設計者のフェルディナント・ポルシェ博士にちなんでフェルディナントとも呼ばれる[訳注46]。

　実際にその車台となったのは、ポルシェが設計し失敗に終わったティーガー戦車のもの

であった。その車体レイアウトは、前部コンパートメントに操縦手と無線手、中央配置のエンジンコンパートメント、後部の密閉された戦闘室となっていた。前面装甲板は200mmもの厚さがあり、重量は67トンに達した。動力は320馬力のマイバッハエンジン2基で、それによって最大速度20km/h [訳注47] を発揮することができた。

90両が製作され、1943年7月にそのうち76両が38両の戦力をもつ2個重戦車駆逐大隊 [訳注48]、第653および第654重戦車駆逐大隊に配備されて、クルスクの戦いにおいて運用が開始された。彼らはここで突破戦車の任務を負わされた。これは彼らに意図されたものではなかった [訳注49]。彼らは敵戦車をたたきつぶすことには何の困難もなかったが、支援する歩兵はすぐに後落してしまった。近接防御用の機関銃を装備せず、車内はほとんど盲目状態だったため、彼らはすぐにロシア軍戦車駆逐チームの獲物となった。ロシア軍は車体を取り囲むと、火焔放射器、モロトフカクテル（火焔瓶）、爆薬をもって接近した。いうまでもなく両大隊は大損害を被った [訳注50]。

クルスクで生き残ったエレファントは、車体機関銃を装備されてイタリアに送られた。本車の大きな重量、背の高さ、遅い速度は真の駆逐戦車としての機動力を欠いていることを意味した。しかし本車は山岳戦での半静止状態の戦闘では非常に役に立ち、そのぶ厚い前面装甲は連合軍の対戦車砲にはまったく無敵であることを証明した。

Ⅳ号駆逐戦車は、その名前が意味するように、Ⅳ号戦車の車体をベースにしている。本車はまた一般に「グデーリアンのアヒル」として知られる。その配置は通常の突撃砲のものを踏襲しており、戦闘室は前部にある。全高は1.85mしかなかった。

最初の砲はマズルブレーキ付きの7.5cm L48 Pak39対戦車砲であったが [訳注51]、後にもっと強力な7.5cm L70 KwK42が装備された。両者とも車体には「豚の頭型」防盾を介して取り付けられた。砲の右側には機関銃口を覆う円錐形のハッチカバーが装備されていた [訳注52]。折衷型ではより高い上部構造物をもち、同じく7.5cm L70砲を装備していた。同砲の砲口初速は925m/sであった。

突撃砲同様Ⅳ号駆逐戦車の乗員は4名で、前面装甲は80mmの厚さがあった。重量は24トンで、最高速度は40km/h [訳注53] であった。しばしばサイドスカートが取り付けられており、ツィンメリット・コーティングも施されていた。本車は1943年から運用が開始され、徐々に機甲師団の戦車駆逐大隊のマーダーと交替していった。高性能の設計だったが、戦争終結までにわずか1531両が生産されたに止まった [訳注54]。

グデーリアンの機甲部隊総監任命後に開かれた会議で、彼は歩兵師団の戦車駆逐部隊を再武装するための、軽突撃砲の必要性を強調した。この車両は1944年にヘッツァーという名前で出現した。（ヘッツァーは場合によっては「勢子」と訳されるが [訳注55]、しかし

重量67トンのエレファントは、クルスクで悲劇的なデビューを飾った。そこでは歩兵の戦車駆逐分隊の獲物にされたが、本車には彼らに対する武装は装備されていなかった。「ツィタデレ」の生き残りのほとんどは、イタリアに送られ、そこにおける半分固定された防戦状況では、大いに役立った。この車両は明らかに地雷にやられたものであろう。100mmのぶ厚い装甲板が前面板にボルト止めされていることに注目。前面板そのものも100mmの厚さがある。簡単な司令塔と前面板を開口した機関銃マウントは、クルスクの損害の結果として改善されたものである。
(Bundesarchiv)

訳注47：実際には30km/h。

訳注48：実際には出し惜しみせず、各大隊45両ずつで90両が配備されている。

訳注49：その重装甲とドイツ軍での重突撃砲という名称からして、完全にこの任務が意図外だったとはいえないのではないだろうか。

訳注50：エレファント（フェルディナント）がクルスク戦中に被った損害の多くは地雷や故障によるものであった。両大隊は多数の車両を失ったが、そのほとんどは回収できなかった車体を乗員自らの手で爆破したものである。ただし肉薄歩兵に対処するための、機関銃の欠如が問題となったのは確かである。

訳注51：マズルブレーキは発砲時に土埃をまい上げて視界を遮るため生産途中から廃止され、L48砲装備型でも半数以上の車両がマズルブレーキなしで生産された。

訳注52：前面の機関銃ポートは初期型では左右に設けられていたが、中期以降は左側の操縦手側で使用できる機会がまれなため廃止された。

訳注53：後期型は35km/h。

訳注54：Ⅳ号駆逐戦車は、48口径砲搭載型が1944年1月から11月までに769両が生産され、70口径砲搭載型は1944年8月から1945年3月までに930両が生産された。折衷型はⅣ号戦車の全生産をⅣ号駆逐戦車に急ぎ切り替える命令のため、Ⅳ号戦車として途中まで製作が進んでいた車台を駆逐戦車に転用する便方として取られたもので、Ⅳ号戦車の上部構造物の上に駆逐戦車の戦闘室が二階建てに載るような戦闘室となっていた。Ⅳ号駆逐戦車折衷型は、1944年8月から1945年3月までに278両が生産された。

訳注55：38(t)式戦車駆逐車のヘッツァーという名前はもともとは軍の制式名称ではなく、部隊側から出てきたものだった。確かにこの言葉にはここに述べられたような複数の意味があるが、原著者は「トラブルメーカー」を適当する根拠を何も示してくれていない。

カラー・イラスト 解説は41頁から

図版A：Ⅲ号突撃砲G型戦闘室内部 上の図は左、下の図は右側面を示した

A

図版B1：Ⅲ号突撃砲B型　第192突撃砲大隊第2中隊
1941年8月　ロシア　ゴメル飛行場

図版B2：Ⅲ号突撃砲B型　第203突撃砲大隊第3中隊
1941年7月　ロシア　スモレンスク

B

図版C1：Ⅲ号突撃砲G型　SS第2機甲師団「ダス・ライヒ」
1943年7月　ロシア　クルスク

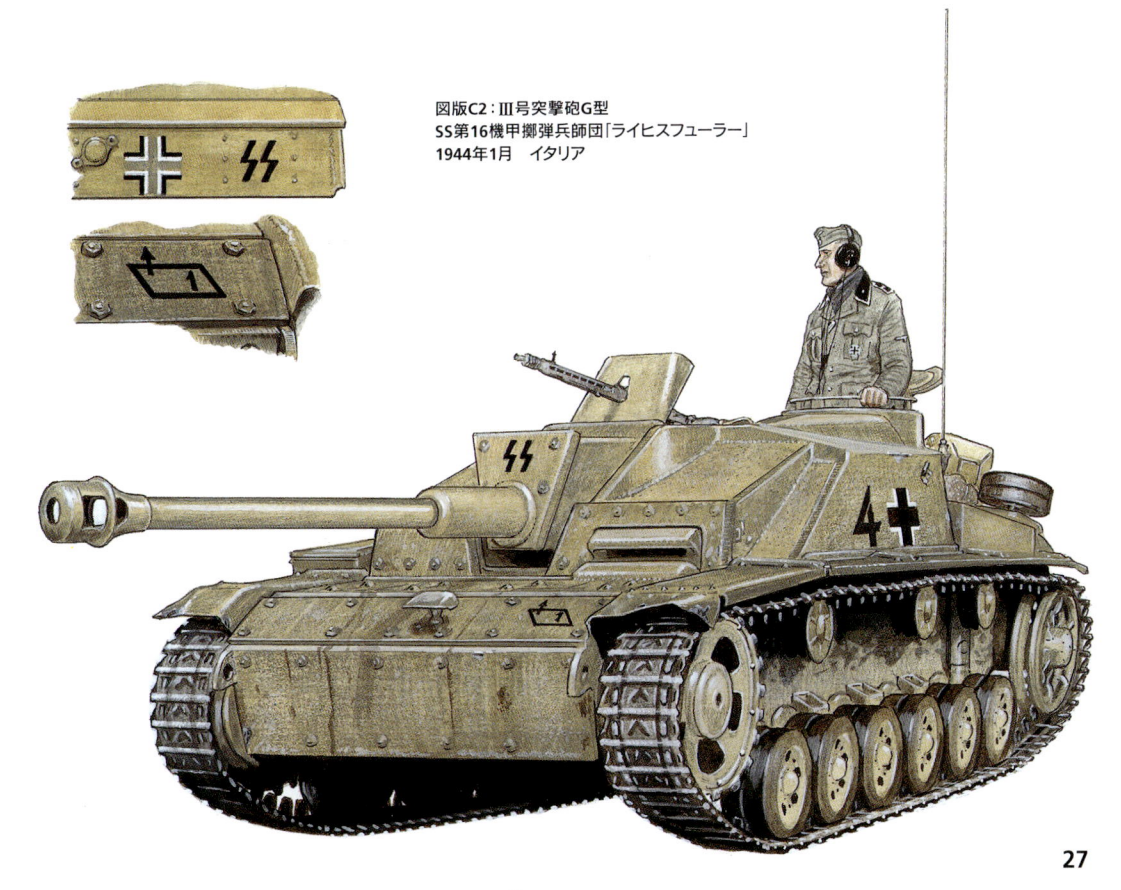

図版C2：Ⅲ号突撃砲G型
SS第16機甲擲弾兵師団「ライヒスフューラー」
1944年1月　イタリア

C

図版D:
IV号駆逐戦車（Sd.Kfz. 162）
戦車教導師団　第130戦車駆逐大隊第3中隊　1944年　ノルマンディ

各部名称

1. 鋳造製起動輪
2. 管制カバー付着脱式前照灯
3. 戦車教導師団のマーク
4. 60mm厚前端装甲板
5. 空気取入口付操向ブレーキ点検ハッチ
6. トランスミッション点検ハッチ
7. 装甲防盾
8. 7.5cm Pak39 L/48
9. マズルブレーキが取り外された砲身
　　［訳注：取り付け用のネジ溝が切られている］
10. 側面装甲板が延長された牽引具
11. 履帯連結用工具
12. 消火器
13. 右側の装甲カバー付機関銃用ボールマウント
14. 60mm厚前面装甲板
15. 砲マウントの装甲カバー
16. 天面装甲板
17. 右側面張り出し前部弾薬架
18. 砲照準器開口部のスライド式装甲カバー
19. 装填手用ペリスコープ
20. SfI ZF1潜望鏡式照準器
21. 装填手用ハッチ
22. 右側面張り出し後部弾薬架
23. 後面装甲板の排気ファンに導かれたダクトパイプ
24. 無線アンテナ（2mロッドアンテナ）
25. Fu5無線機
26. 近接防御兵器取付部の穴を塞いだブラインドカバー
27. 砲クリーニングロッド
28. 誘導輪履帯張度調整ロック用スパナ
29. スターター用ハンドクランク
30. 冷却空気排気口
31. 牽引索用C形クレビス
32. スコップ
33. 予備の無線アンテナ
34. 斧
35. ワイヤーカッター
36. 予備履帯
37. 吸気口
38. 予備転輪
39. 排気マフラー
40. ジャッキ
41. エンジン室側面5mm厚スペースドアーマー
42. エンジン室左側面吸気口
43. ラジエーター
44. 誘導輪履帯張度調整用工具
45. 組み立て式誘導輪
46. Kgs61/400/120履帯
47. 金属製上部支持転輪
48. 転輪、タイヤサイズ470×90-359
49. 四分の一楕円リーフスプリングマウント
50. 指揮戦車用Fu8無線機アンテナ用開口部を塞ぐためのブラインドカバー
51. 旋回式ペリスコープ付車長用出入りハッチ
52. 左側面ペリスコープ
53. 左側面張り出し後部弾薬架
54. バッテリー箱
55. 車体壁面の折り畳み式弾薬架
56. 防危板
57. 砲手席
58. 床面脱出ハッチ
59. 砲旋回用手動ハンドル
60. 砲俯仰用手動ハンドル
61. バンパー
62. 燃料充填パイプ
63. 装甲燃料タンク
64. SSG76変速機およびクラッチ
65. 取り外し式機関銃マウントに取り付けられた7.92mm MG42機関銃
66. 操縦手席
67. 左側の装甲カバー付き機関銃用ボールマウント（初期型のみ）
68. 操縦手用ペリスコープ

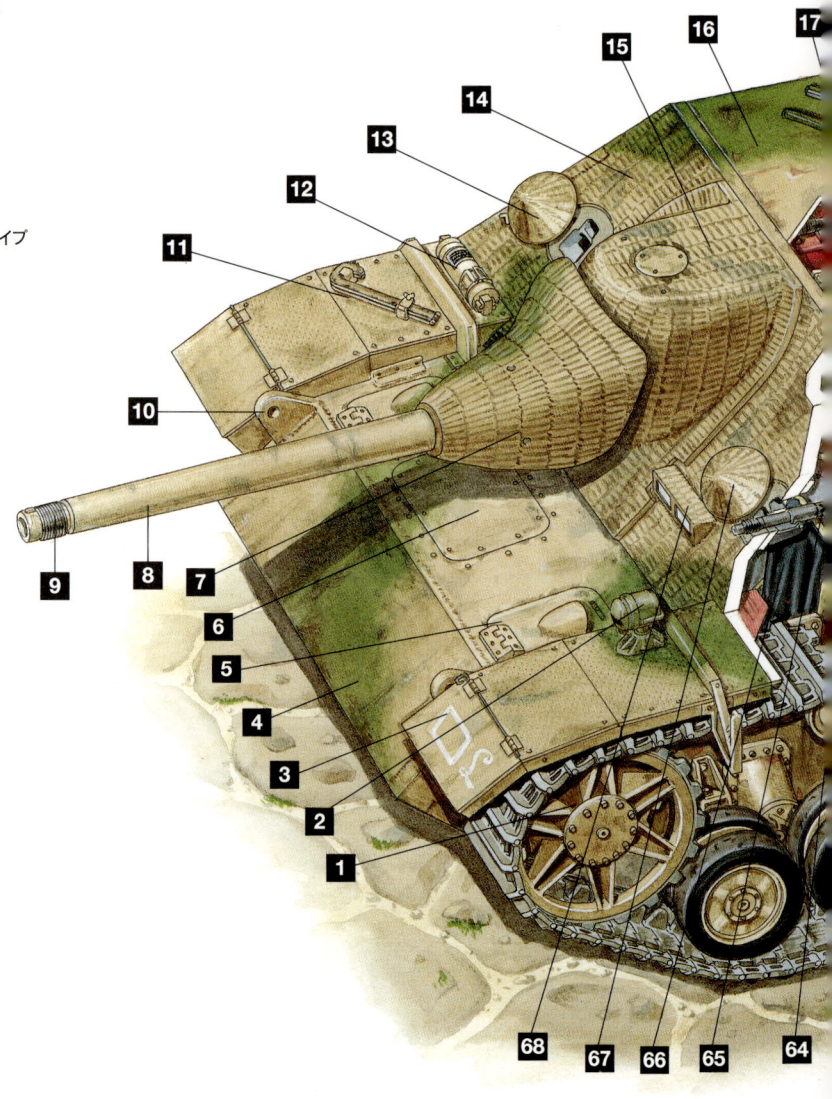

仕様

戦闘重量：24000kg
エンジン：排気量11867リッター
マイバッハHL120TRM 265PS/2,600rpm
出力重量比：11.0PS/t
接地圧：0.86kg/c㎡
全長：6960mm
全幅：3170mm
トランスミッション：ZF SSG76前進6段後進1段
最大速度(路上)：40km/h
最大速度(不整地)：15km/h

燃料容量：470リッター
最大航続距離：巡航速度で210km
徒渉水深：1.00m
兵装：7.5cm Pak39/L48
主砲弾薬：79発
50%が7.5cm Pzgr.(徹甲弾)、50%が7.5cm Sprgr.(榴弾)
砲口初速：790m/s
照準器：自走砲架用照準望遠鏡1a型(単眼式、倍率2.5倍)
副武装：7.92mm MG42、MP44またはMP40
弾薬：MG42用1200発、MP用384発

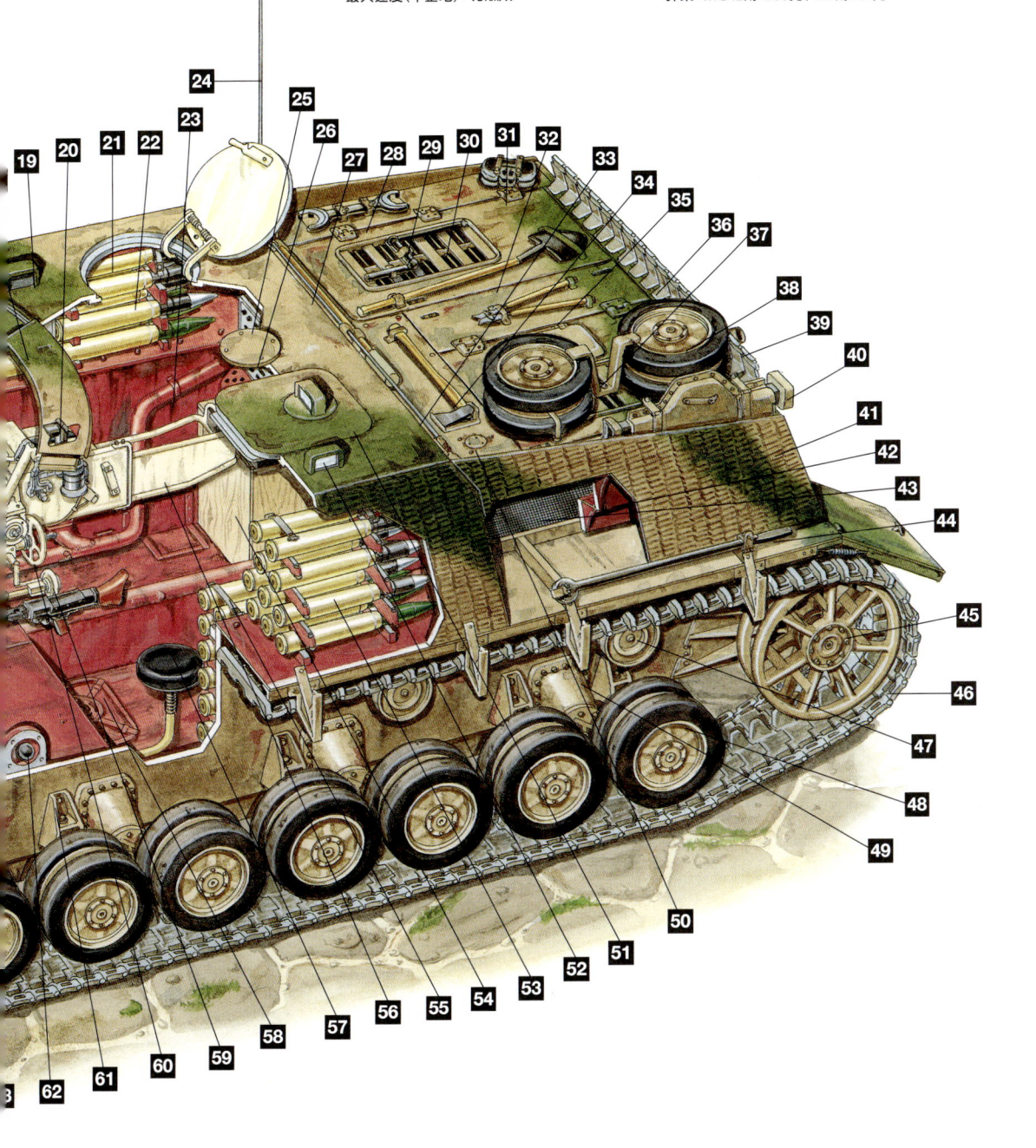

図版E：
III号突撃砲のマーキング
（詳細はカラー・イラスト解説のコメントを参照）

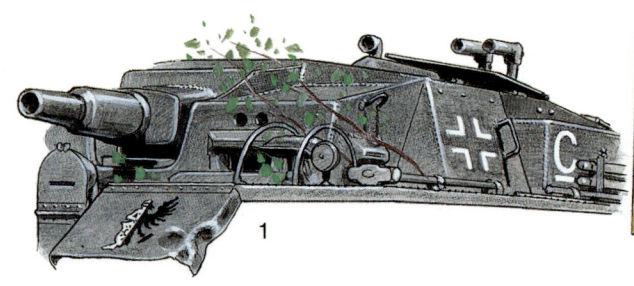

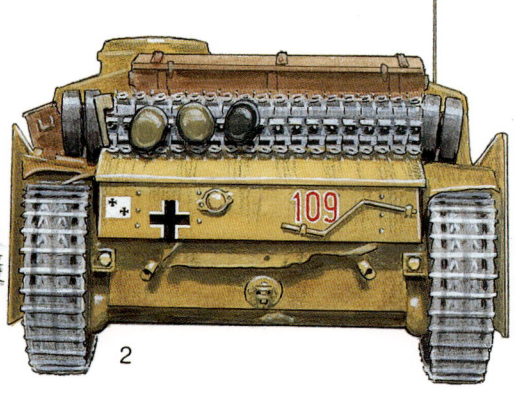

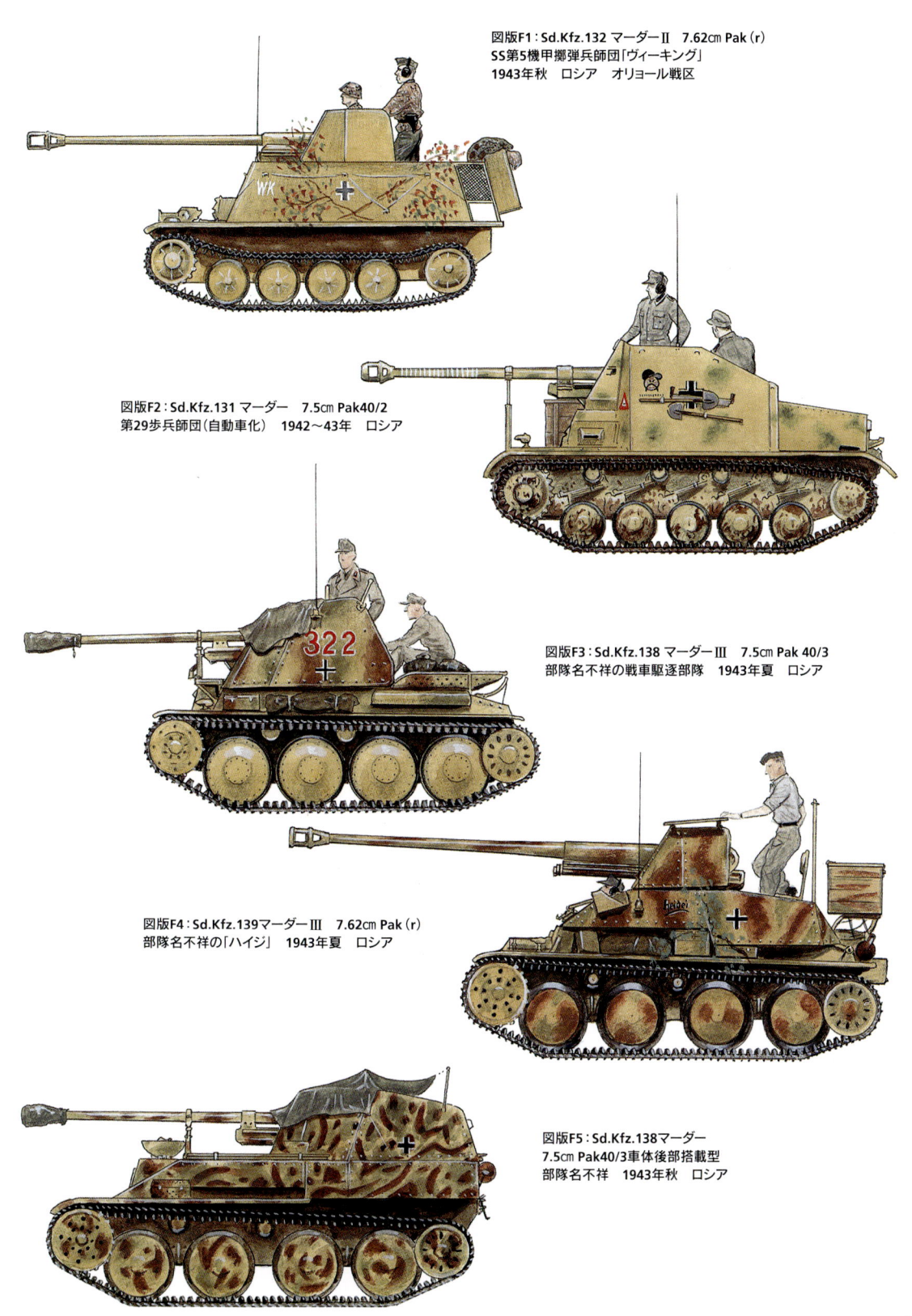

図版F1：Sd.Kfz.132 マーダーⅡ 7.62㎝ Pak（r）
SS第5機甲擲弾兵師団「ヴィーキング」
1943年秋 ロシア オリョール戦区

図版F2：Sd.Kfz.131 マーダー 7.5㎝ Pak40/2
第29歩兵師団（自動車化） 1942～43年 ロシア

図版F3：Sd.Kfz.138 マーダーⅢ 7.5㎝ Pak 40/3
部隊名不詳の戦車駆逐部隊 1943年夏 ロシア

図版F4：Sd.Kfz.139マーダーⅢ 7.62㎝ Pak（r）
部隊名不詳の「ハイジ」 1943年夏 ロシア

図版F5：Sd.Kfz.138マーダー
7.5㎝ Pak40/3車体後部搭載型
部隊名不詳 1943年秋 ロシア

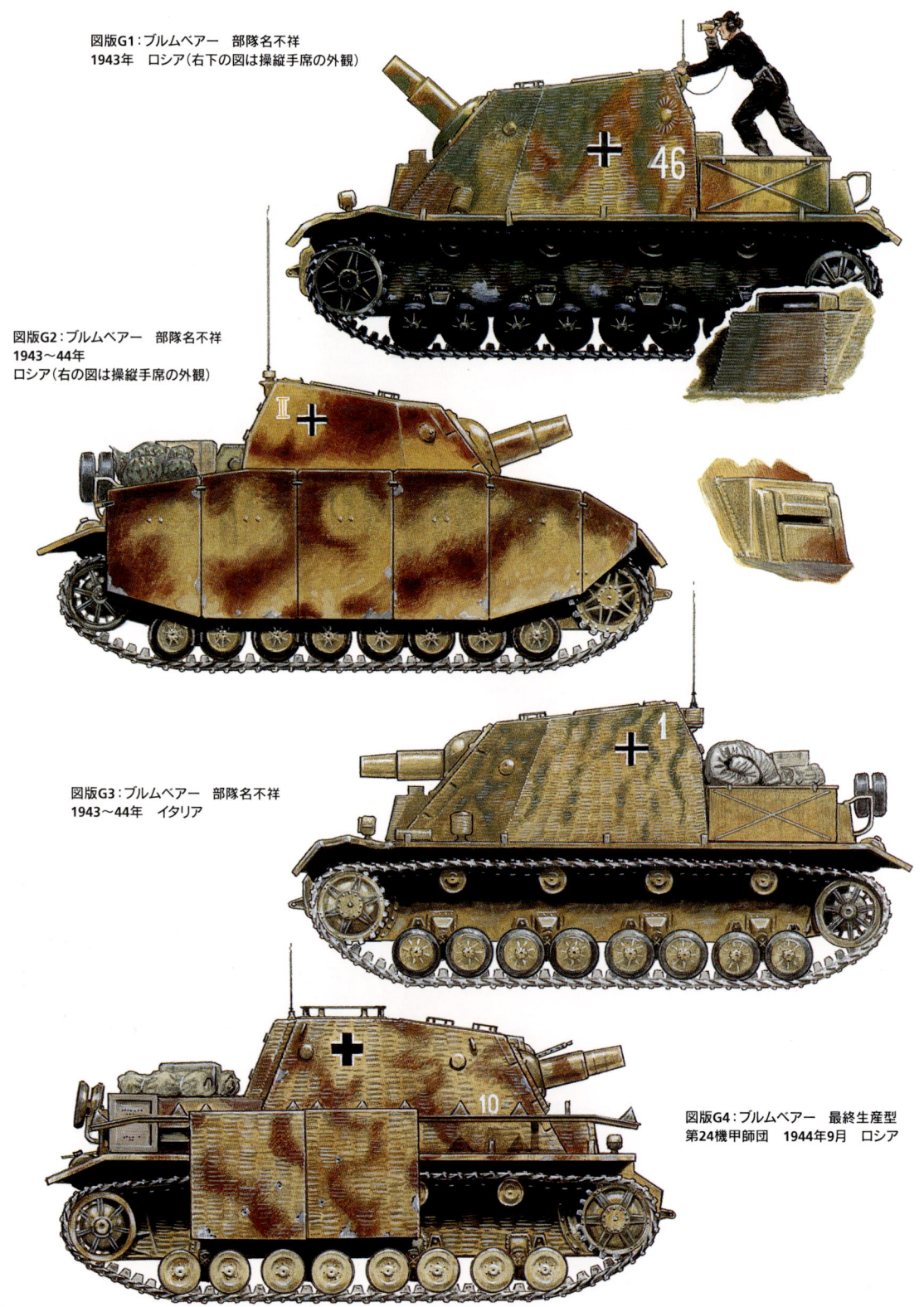

図版G1：ブルムベアー　部隊名不詳
1943年　ロシア（右下の図は操縦手席の外観）

図版G2：ブルムベアー　部隊名不詳
1943～44年
ロシア（右の図は操縦手席の外観）

図版G3：ブルムベアー　部隊名不詳
1943～44年　イタリア

図版G4：ブルムベアー　最終生産型
第24機甲師団　1944年9月　ロシア

無敵の対抗者ではあったが、ヤークトパンターは900km走行すれば数々の機械的トラブルが発生し、1000km走行後には完全なオーバーホールが必要であった。
(The Tank Museum)

訳注56：正確には38（t）戦車そのままではなく、38（t）戦車をもとにした発展型車台。

訳注57：ヘッツァーは1944年4月から1945年5月までに2584両が生産された。独立戦車駆逐大隊と歩兵その他師団の多数の戦車駆逐大隊に配備され、一部の重戦車大隊にもティーガーの代わりに送られた。

「グデーリアンのあひる」。IV号駆逐戦車は75mm Pak39、48口径砲を装備している。マーキングの位置とスタイルは、本車の典型的なものである。通常はサイドスカートが装備されている。ツィンメリット・コーティングにも注目。
(RAC Tank Museum)

この用語は「扇動者」か「トラブルメーカー」というのがより正しい。

　ヘッツァーの傾斜した上部構造物は、それが搭載されている38（t）戦車車台[訳注56]を完全に覆っている。武装の7.5cm L48 Pak39対戦車砲は、戦闘室の右側にオフセットされて搭載されている。天井には車内から操作される機関銃が装備されている。ヘッツァーはIV号駆逐戦車より32cm背が高かったが、重量は8トン軽く、わずかに高速だった。前面装甲は60mmの厚さがあった。

　打撃力と洗練されたラインの融合は高く称賛できるものではあるが、ヘッツァーはその乗員には頭痛の種であった。操縦手は車体の左前部に配置されていたが、ぎゅう詰めの内部のレイアウトのおかげで最小限のスペースで辛抱しなければならなかったが、もし急いで車内から脱出しなければならないときは最悪であった。操縦手の後ろには砲手が座り、装填手はその後ろに詰め込まれた。装填を右から行うように設計された砲の左から装填しなければならず、弾薬架にアクセスするのも容易でなかった。車長は戦闘室の右側後部に位置していたが、他の乗員から離隔しており、光学機器は開いたハッチから突き出して使うペリスコープ式双眼鏡に限られていた。

　砲を右側にオフセットしたせいで旋回角度は左右バラバラに制限され、右側には11度まで旋回できたが、左側には砲尾と左側面装甲の位置によって5度しか旋回できなかった。しかしそれは仕方がないことで、オフセットすることが唯一、砲と4名の乗員、41発の大柄な弾薬を限られたスペースに詰め込む方法だったのだ。その不満にもかかわらずヘッツァーの性能は良好で、戦後もスイス陸軍で使用が続けられた[訳注57]。

　1944年には、パンター戦車車台上に設けた良好な傾斜面をもつ上部構造物に8.8cm L71 Pak43/3対戦車砲を装備する、重量45トンのヤークトパンターが投入された。本車のほとんどすべてが、まさにその大口径砲装備駆逐戦車にふさわしいものであった。80mmの前面装甲板は後方へ良好に傾斜しており、160mmに匹敵する効力があった。主砲は当時運用されていたすべての、イギリス、アメリカそしてロシア軍戦車を撃破することができた。弾薬は60発と十分な数が搭載されていた。

　重量は過大でなくその速度は46km/hを発揮することができた。そして近接防御のために前面板には機関銃を装備していた。その高さが2.72mであることと限定旋回式であることが、唯一の欠点であった。この高性能で美しいプロポーションをした車両の乗員は5名で、脆弱なナースホルンに代えて、重戦車駆逐大隊に配備された。強力な本車は月産150

両の生産が期待されたが、爆撃と資材の不足のため、最終的な総生産数は382両であった [訳注58]。

　この系列における最後の車両が、巨大すぎるヤークトティーガーである。本車は戦争中、最も重武装の装甲戦闘車両ではあったが、資源を不必要に無駄遣いした典型であった。本車はティーガーB戦車車台を使用し、128mm L55 Pak80対戦車砲を搭載し、前面250mm、側面80mm、天面40mmの装甲板で防御されている。その結果全高は2.95m、重量は70トンを越えた。速度が38km/hも発揮できたのはこうした巨大な車両としては立派なものであったが、そのあまりの重さによって同じ車体同士で牽引するような試みをすると、もう1両も故障してしまう結果を招いた。

　主砲用弾薬は38発を搭載できるが、重たい弾薬は弾体と薬筒が分離式であり、その発射速度は弾体・薬筒一体式の弾薬を使用した駆逐戦車より遅くなっている。前面板には機関銃が装備されている。この怪物はごく少数が生産され、重戦車駆逐大隊とSS戦車部隊にのみ配備された [訳注59]。

　グデーリアンの決定によって、突撃砲と駆逐戦車の任務が、第二世代の駆逐戦車の導入を通じて徐々に合併させていったが、その乗員の多くは突撃砲兵から抽出された。

訳注58：ヤークトパンターは1944年1月から1945年3月までに392両が生産され、重戦車駆逐大隊の他機甲師団などにも配備されて、東西戦線で使用された。

訳注59：ヤークトティーガーは、1944年7月から1945年3月までに77両が生産され、2個重戦車駆逐大隊のみに配備された。

tank destroyer tactics

駆逐戦車（戦車駆逐車）の戦術

　その攻撃的な名称にもかかわらず、駆逐戦車（戦車駆逐車）の機能は戦車を捜索するため出撃し、あるいは開豁地での戦闘で戦車を狩るようなものではない。戦車駆逐車というものは本質的に防衛的概念にのっとったもので、注意深く選定された待ち伏せ位置から、その強力な直射火力を生かして、敵の装甲車両を破壊するように設計されている。

　その潜む位置は、敵の攻撃軸かすでに遂行された浸透軸の側面に、好んで置かれる。理想的には彼らは相手の視界から遮られ、川や沼地や地雷原といった戦車の障害物の背後に配置される。戦車駆逐車の車長の技量は、彼らの働きが必要とされる前に、いかにこのような位置を選び出せるかにかかっている。そうして戦車駆逐車は、十分な時間の余裕をもって位置につくことができるのである。優れた戦車駆逐車戦術の本質は、突撃砲のそれと同様「集中」である。小部隊への分散や1両単位での使用は、悪い運用法である。

　戦車駆逐車部隊は歩兵部隊とともに行動し、反撃に転じるまで任務を続けそれから予備に戻る。もし歩兵部隊が攻撃するときは、戦車駆逐車は敵装甲兵力の危険性が高い場所に展開し、彼らの装備する対戦車砲に火力を追加する役割を果たす。撤退の間にはその機動力を生かして殿（しんがり）の中心的役割を果たし、部隊が新しい前線のあらかじめ選定された防御地点に後退することを可能にする。

　機甲師団とともに行動する場合には、戦車駆逐車は前進中は堅固な火力陣地を形成するとともに攻撃側面の防護を行う。戦車が攻撃に成功したら戦車駆逐車は前進を開始し、攻撃の次の局面に備えて新しい火力陣地を構成する。戦車が攻撃に成功しなかった場合、あるいは敵戦車を偽りの後退で誘い出す場合には、戦車は戦車駆逐車の砲撃ラインを通って後退し、敵方は火線の罠へと導かれる。こうした例は北アフリカでもロシアでも多数あり、イギリスおよびロシアの戦車部隊ははなはだしい犠牲によって、打ちひしがれたように見えている敵をそのまま追いかけることは、つねに賢明な策だとは限らな

いことを学んだ。
　その構造から戦車駆逐車は、一般に彼らの敵手より強力な武器を搭載でき、より長距離で戦車砲の有効射程外から交戦することができる。開けたステップや砂漠で生じたように、もし地形が静止した火力発揮点にふさわしくない場合は、機動戦闘が生起する。そこでは戦車駆逐車は機動力を生かして、その射界をオープンにする。

the key to mobility

機動力の鍵

Ⅰ号戦車車台ベースの砲架
Mountings based on PzKpfw I chassis

　サスペンションは4つのボギー式転輪と接地式の誘導輪からなり、四分の一楕円リーフスプリングに懸架されて、外側のビームと車体とにボルトで固定されている。履帯の調節は誘導輪の位置を変えることで行われる。動力装置はクルップ社製4気筒水平対向空冷式ガソリンエンジンで、57馬力／2500回転を発揮し、各バンクにソレックス噴射式気化器と加速ポンプが取り付けられていた。燃料搭載量は20英ガロン[訳注60]で、エンジン室の後部隅に取り付けられた2カ所のタンクに収容されていた[訳注61]。
　エンジンからの出力は2枚の乾式クラッチを通じて変速機に伝えられる。ギアは前進5段後進1段で、動力はそこから車体前方を横切って左右の起動輪に伝えられる。操向はクラッチ・ブレーキ式で、システムは小さなファンによって冷却される。走行方向はステアリングレバーによって操作され、それぞれのレバーには2つのハンドルが設けられている。ひとつは通常のステアリング用で、もうひとつは親指で引く、パーキングブレーキ用であった。
　各ギア段数における推奨速度は、1段〜4.8km/h、2段〜11.2km/h、3段〜19.2km/h、4段〜32km/h、5段〜41.6km/hであった。

Ⅱ号戦車車台ベースの砲架
Mountings based on PzKpfw II chassis

　Ⅱ号戦車A、BおよびF型は、四分の一楕円リーフスプリングに懸架された5つの転輪が使用されている。DおよびE型は、トーションバーサスペンションで4つの大型転輪が懸架されており、上部支持転輪は装備されていない。動力はマイバッハHL62 6気筒ガソリンエンジンによって供給される。動力は単板式クラッチによって前方の変速機に伝達される。
　ギアは前進6段後進1段である。動力はさらに車体前方の最終減速機を通して起動輪に伝えられる。操向はレバーによってクラッチとブレーキ機構を操作して行われる。操縦手用の計器類は、速度計、回転計、水温および油圧計である。電動式スターターが装備されているが、低温下では車体後面板を通して操作されるイナーシアスターター（貫性式始動機）が通常使用される。

訳注60：1英ガロンは4.546リッター。

訳注61：これらの解説はA型のもので、実際に戦車駆逐車のベースとなったB型とは多くの点が異なっている。たとえばB型では転輪は5個であり、誘導輪も接地していない。エンジンも6気筒直列水冷ガソリンエンジン出力100馬力に強化されている。

ノルマンディにおける連合軍の航空優勢は圧倒的で、昼間はほとんど行動することはできなかった。このⅣ号駆逐戦車はリスクを犯して短距離の移動をしている。多数の木の葉でカモフラージュして、そのアウトラインをあいまいにし、露出面を覆っている。もう一組の乗員もこの車両に跨乗しているようだ。(Bundesarchiv)

各ギア段数における推奨速度は、1段〜4.8km/h、2段〜9.6km/h、3段〜11.2km/h、4段〜20.8km/h、5段〜28.8km/h、6段〜40km/hであった。

38(t)戦車車台ベースの砲架
Mountings based on PzKpfw 38(t) chassis

38(t)戦車のサスペンションは各側4個の大型転輪からなり、車体に2個ずつ水平リーフスプリングを介してボルトで止められている。履帯の緊張は後部の誘導輪の位置を変えることによって調整され、車体後面板のハッチを通して操作される。車体は125馬力のプラガEPA水冷ガソリンエンジンによって駆動され、最大速度は42km/hである。後期型ではツインキャブレターの改良型が装備され、出力は150馬力に増加して最大速度は48km/hに向上している[訳注62]。

動力は前進5段後進1段のプラガ・ウィルソン変速機を通して前部の起動輪に達する。遊星歯車が組み込まれた操向システム[訳注63]が使用されているが、これは35(t)戦車[訳注64]にも使用されたものである。ただし35(t)戦車の空気圧補助システムは装備されていない。電気式スターターが装備されているが、車内搭載のスターターは車体後部から操作される。緊急時にはエンジンは、戦闘室内からフライホイールのハウジング上に取り付けられた装置を用いて、マニュアルで作動させることが可能である。燃料搭載量は40ガロンで、エンジン室の各側面に装備された二重構造の燃料タンクに搭載される。

Ⅲ号戦車車台ベースの砲架
Mountings based on PzKpfw III chassis

この車台は開発の初期においては、そのサスペンションの問題で悩まされた。これは1939年に解決されてE型が誕生した。この型ではサスペンションに頑丈なトーションバーシステムが用いられ、片側6個の転輪が装備されていた。出力300馬力の12気筒マイバッハHL120TRエンジンを動力とし、前進10段後進1段のマイバッハ・ヴァリオレクス、プレセレクター式変速機が組み合わされていた。

1940年にH型で後者はよりシンプルなアフォン・シンクロメッシュ式変速機、前進6段後進1段に変更された。最大速度は約40km/hである。H型ではまたトーションバーサスペンションが強化され、履帯の幅も36cmから40cmに広げられた。これに合わせるため新型の起動輪と誘導輪が導入されたが、それまでの在庫もあいだにスペーサーを挟んで使用された。

動力伝達軸は変速機に至り、そこから操縦室を横切って起動輪に達する。最終減速機と操向ブレーキの組立は非常に複雑で、過剰にボールベアリングが使用されている。履帯のブレーキドラムには、空気冷却システムが装備されている。ユーザーハンドブックでは、通常の使用状態では最大エンジン回転数は、2600回転が推奨されていた。しかしロシア南部や北アフリカといった高温下では、より低速のギアで運転することが冷却のため必要とされている。

冷却システムの主要な構成部品は2つのラジエーターで、2基の冷却ファンによって吸

Ⅳ号駆逐戦車の後期型は、マズルブレーキのない70口径砲を搭載している。このひどくやられた車両は、ノルマンディの果樹園で側面から狙いすました2発の命中弾を受けて擱座した。砲防盾の左にあるのは機関銃ポートの旋回式円錐形カバー。全高1.85mとⅢ号突撃砲の初期型より13cm低いので、この無敵の駆逐戦車は、地上のちょっとした窪みにさえ、隠蔽した射撃位置を確保することができる。
(RAC Tank Museum)

訳注62：EPA/2と呼ばれるモデルだが、元々は自走砲の重量増加に対応して搭載されたもので、データ上は最大速度は向上していない。

訳注63：Ⅰ号、Ⅱ号戦車のクラッチ・ブレーキ式よりも動力の伝達効率がよい発達したシステム。

訳注64：38(t)と同じくチェコ製戦車。捕獲されてドイツ軍で使用された。

訳注65：この説明は言葉では非常にわかりにくいが、模型などを見ると一目でわかるだろう。多くの戦車の場合誘導輪の軸を単に前後させることで履帯の張度を調整するが、Ⅳ号戦車は誘導輪を偏心軸で回転させることで誘導輪の位置を変え履帯の張度を調整するのである。

気される。ヴァリオレクス、アフォンともにその牽引力は失望させられるもので、「旋回のときや丘や悪路などで低いギアに切り替える場合は、そのとき使用しているギア段数より1段ではなく2段低く変速すべきである」ことが推奨されていた。

　エアフィルターの性能も埃っぽい気候では不十分と考えられており、砂が潤滑システムに入ることを許してしまう。電気式のセルフスターターシステムが装備されているが、これは緊急時にのみ使用されエンジンが冷えているときは使われない。通常の始動にはイナーシアシステムを使用し、2名が後面板からエンジン室にスターターハンドルを差し込む。寒冷時の始動は始動用キャブレターで補助されるが、このときアクセルは用いない。エンジンの支援なしの最小作動温度は、摂氏50度2000回転で、油圧は少なくとも60ポンド／立法インチとされている。

Ⅳ号戦車車台ベースの砲架
Mountings based on PzKpfw IV chassis

　Ⅳ号戦車の設計段階の間に、陸軍はリーフスプリングに懸架されたダブルボギーユニットからなるサスペンションシステムの採用に同意した。車体にボルト止めされた各ユニットには2つの小転輪が取り付けられ、片側8個の転輪を装備していた。

　後期の型の武装強化の結果、増加した重量によって、サスペンションシステムは過負荷となり、操向しないにもかかわらず、車体は左右にゆらゆらと横揺れするヨーイングの傾向を示すようになった。それはともかく、戦闘などで損傷したボギーユニットをまるごと交換するのは、かなり容易なことであった。履帯の調整は後部の誘導輪の移動で行われる。誘導輪のマウントははめ合わせ式になっており、軸が偏心するようになっている。軸は特別な工具で回転させることができ、調整位置ではラチェットリングで止められる[訳注65]。

　東部戦線ではオストケッテとして知られる広幅履帯が、冬季の間に牽引力を増加させるために取り付けられた。B型以降は、マイバッハHL120TRMエンジンが、前進6段後進1段の新型変速機とともに取り付けられたが、Ⅲ号戦車車台とほとんど同じ性能と限界をもたらすことになった。

　冷却システムの主要構成部品は2つのラジエーターで、一組に並んで水平から25度の角度に傾いて取り付けられていた。これを通った空気はクランクシャフトからの3本のVベルトで駆動される2つのファンで吸入され、冷却液は遠心式水ポンプで循環される。空気はエンジン室の中に車体右側の防護された開口部から吸入され、左側の同様の開口部を通って排出される。戦闘室内に吸気するための換気装置も設けられており、戦闘室内は圧力が高められて硝煙の排出を助けるようになっている。

　最終減速機とクラッチ・ブレーキの機構は、不必要なまでに複雑である。これらの装置の冷却は、メインクラッチハウジングの左側に配置された遠心式ファンで行われる。ステアリングレバーには同時に、性能の良いパーキングブレーキ用レバーも取り付けられている。

　エンジンには、24ボルトの電気式セルフスターターが装備されており、補助発電機がバ

ヘッツァー――「トラブルメーカー」（＊）――は旧式のチェコ製38（t）戦車車台をベースにした、駆逐戦車である。塗装のパターン、天井のリモートコントロール式機関銃、車長用ハッチの前部平面部分から突き出された車長用双眼鏡式ペリスコープに注目。
(RAC Tank Museum)
（＊訳注：「勢子」と訳すのが正しいと思うが……）

ッテリーを完全充電するので、Ⅲ号戦車に装備されているものに比べて、より確実に使用することができる。もしセルフスターターがうまくいかない、あるいは酷寒でその使用が推奨されないときには、後面板を通して作動されるイナーシア式スターターが使用される。

これはスターター気化器によって補助することができ、操縦手はクラッチを切って、ギアーボックスオイルの抵抗を減少させる。さらに東部戦線で寒冷時の始動を助けるためには、冷却水交換機が使用された。これは1両の戦車が始動しその通常の運転温度に達したら、暖まった冷却水をポンプでもう1両の車両に送って、交換機を通じて相手の冷たい冷却水を戻すというものである。当然温度の上昇によってもう1両の始動が可能になり、後は同じことを繰り返すだけである。

爆発したヘッツァー。村落内で砲撃に捕まったものだ。主装甲が派手に割れていることから、大口径の榴弾に直撃されたものであろう。
(RAC Tank Museum)

Ⅴ号戦車パンター車台ベースの砲架
Mountings on the PzKpfw Ⅴ Panther chassis

パンターはトーションバーサスペンションシステムを使用しているが、その棒はヘアピンのように曲がって元の方向に戻り、ボギー（車軸）ユニットを形成して車体の同じ側に取り付けられていて、転輪を支持している[訳注66]。片側8個のボギーには16個の大直径の挟み込み式転輪が装備されていた。このシステムは良好な不整地走行能力をもたらしたが、その代わりに、車両の高さを増し、泥や氷が転輪の間で固まり、整備がやりにくいという欠点をもっていた。履帯の緊張は、後面板からアクセスできる調整シャフトによって、後部誘導輪の位置を動かして調整された。

Ｖ－12マイバッハHL230 P30エンジンは、排気量23.88リッターで、出力は700馬力／3000回転を発揮する能力があるが、運用上は2500回転に制限される。エンジンは水冷式で、エンジン室の両側に2つの空冷式ラジエーターが配置されており、平衡タンクと連結されている。余分な熱の一部はダクトによって戦闘室に導かれ、厳しい東部戦線の冬季には車内をある程度快適にしてくれる。しかし夏季において当初は冷却システムが対処できなかった。オーバーヒート、燃料蒸散そしてエンジン火災が頻発し、エンジン室内に自動消火装置が導入された。

動力はエンジンから3枚の乾式クラッチ、2つのカルダンシャフトを介して、前進7段後進2段の主変速機に伝えられる。主変速機はシンクロメッシュ式で、第1段から後進まで全ギア段数で2000～2200回転で作動する。しかし2500回転以上での変速あるいは1500回転以下でギアを下げる場合は、ダブルクラッチ操作が必要となる。扱いは重たくてやっかいである。操向変速機は車体前部を左右に通り、起動輪はドライブシャフトによって最終減速機とつながれていた。

燃料は160ガロンが搭載され、タンクはエンジン室の後面板にひとつ、各側に2つの、5つの相互に接続されたタンクに収容される。電動式セルフスターターが装備されているが、もしも車両のバッテリーが上がっていたり、極度に寒いときには、後面板を通してボッシュ製イナーシアスターターで始動される。

V号戦車車台は多くの優れた特徴をもっていたが、1944年に捕虜になった乗員によると、使用する側としては多くの重大な危惧すべき点があったという。

「初期型はエンジン、クラッチ、変速機に多くのトラブルを抱えていた。これらはすぐに修正されたが、残された問題は起動輪の最終減速機が脆弱だったことである。このため駆動力の伝達に耐えきれず、常にトラブルをもたらした。パンターは潜在的に走行距離900kmかそこらでトラブルが発生すると考えられ、1000kmまでには少なくとも走行装置に100パーセントのオーバーホールが必要と考えられていた」

ティーガー（P）戦車車台ベースの砲架
Mounting on Tiger (P) chassis

この車台は戦車には使用されることはなく、この車台を使用して製作された唯一の車両が、エレファント（あるいはフェルディナント）重駆逐戦車であった。通常と異なり縦型配列トーションバーサスペンションが採用され、スイングボギーに2個ずつペアとなった片側6組の転輪をもち、起動輪は後部に配置されている。実際の行動では、トーションバーは不整地での転輪に加わる垂直の力にたいして、力不足であることが明らかになった。

しかし最も興味深い点は別にある。それはガソリンエンジンと電動モーターを併用した、エンジン＝電気駆動方式が採用されたことである。主動力機関は2基のマイバッハHL120 TRM水冷ガソリンエンジンで530馬力／2600回転を発揮した。エンジンのクランクシャフトは発電機に直接連結され、発電した電力が電動モーターに伝えられ、そうして起動輪を駆動させる。このシステムは複雑で信頼性に乏しかった。さらにその電気設備は、当時きわめて供給が不足していた資材である銅を大量に必要とした。

VI号戦車ティーガー（E）車台ベースの砲架
Mounting based on PzKpfw VI Tiger (E) chassis

車台は8つのトリプルボギー（3転輪）挟み込み式トーションバーサスペンションを備え、起動輪は前部にあった。履帯の緊張は後部の誘導輪のクランク状のマウントによって調整した。作業は後面板の各側のドーム状のカバーを外して、外側からボルトを回して行われた。

もともとすべての転輪にゴム縁が付いていたが、1944年に全鋼製の鋼製転輪[訳注67]が導入され、一番外側の転輪は廃止された。挟み込み式転輪は効率的ではあったが、泥や石、氷の圧着に弱かった[訳注68]。

幅725mmの戦闘用履帯は鉄道輸送用には広すぎるため、鉄道輸送用には520mmの履帯が取り付けられた。輸送用履帯を装着するときには一番外側の転輪は取り外された。

車両の動力はマイバッハHL 230 V-12 700馬力水冷エンジンである[訳注69]。エンジンコンパートメントの両側に、2つのラジエーターが相互に連結されて配置されている。冷却気はタイミングギアによって駆動される4つのファンによって吸入され、それからエンジンデッキ上のルーバーを通じて排気される。2つの燃料タンクはエンジンコンパートメントの両側に配置される。これらは連結されており、合わせて125ガロン

訳注66：パンター戦車は2本の棒で支持するダブルトーションバーを装備していた。ただし原著の説明は少々誤解を招く。このトーションバーは1本の棒がヘアピンのように曲げられていたわけでなく、2本が連結手（カップラー）で結合されたものであった。

訳注67：周囲のゴム縁は省かれていたが、代わりに内側の軸まわりにゴムが封入されて緩衝機能は保持されていた。擦り減りやすい外側にゴムを配置するより、希少資源であるゴムを節約することができた。

訳注68：これらが複雑に重なり合った転輪の内側に挟まり、固着して作動を妨げたり、変形や破損の原因となった。

訳注69：最初の250両にはマイバッハHL 210エンジンが搭載された。

優美なヤークトパンターの姿。きれいな状態で「教科書」通りの車外装備品が取り付けられている。上部構造物側面に取り付けられた円筒形外部燃料タンクがはっきりと見てとれる（＊）。(Bundesarchiv)
（＊訳注：円筒形の物体は燃料タンクではなくて、砲身用クリーニングロッドのケース）

が収容される。燃料消費量は不整地では1マイル（1.6km）あたり2.75ガロンになる。

エンジンからの出力は、油圧作動プレセレクター式オルファー変速機に伝えられる。変速機は前進8段後進4段で、3つの油圧シリンダー式セレクターと組み合わせて使用され、柔軟で広い作動範囲を与える。変速機からの駆動力は、車体前部のきわめて複雑な最終減速機から起動輪に伝達される。

操向変速装置にはイギリスのチャーチル戦車に使用されているメリット－ブラウン式のとよく似た、油圧作動再生式コントロールド・ディファレンシャル・ステアリングシステムが使用されている。操縦手はステアリングホイール（ハンドル）を使用して、遊星歯車機構中央の太陽歯車に異なる速度を与える。

システムは複雑すぎて製作時間がかかり多量の資材が必要で、これは他の分野で用いた方が良かっただろう。しかしこのシステムのおかげで、操縦手は快適に操縦することができた。もしパワーステアリングシステムが故障したら、操縦手は昔に戻ってブレーキを操作する2つのレバーを使って操縦することになる。しかしこれはあくまでも緊急時の話である。

24ボルトのセルフスターターモーターが装備されているが、ボッシュ社製イナーシアスターターも装備されており、後面板を通して差し込まれるクランクハンドルで作動される。低温下ではスターターキャブレターが使用される。

VI号戦車ティーガー（B）車台ベースの砲架
Mounting on PzKpfw VI Tiger B chassis

ティーガーB型の走行装置と動力装置のレイアウトは、ティーガーE型のものとよく似ていたが、いくつかの改良が盛り込まれていた。たとえば本車は片側9個のダブルボギー

1944年、敵に侵入された戦線に向かうヤークトパンター。操縦手用バイザーの右側にツィンメリット・コーティングが剝がされた部分があるが、これは鉄道搭載用荷札を張り付けるためである（＊）。この駆逐戦車の性能は、その美しいラインや合目的な雰囲気を裏切らないものであった。7月30日に226高地では、3両のヤークトパンターがわずか2分にも満たないうちに、チャーチル戦車中隊の全車を撃破したのである。(Bundesarchiv)
（＊訳注：ヤークトパンターの初期生産型で、原型では2つあった操縦手用バイザーを廃止した後の開口部をふさいだ跡）。

(2転輪)ユニットをもっていたが、転輪は挟み込み式ではなく千鳥式となっていた。燃料搭載量は175ガロンに増え、拡大された液冷システムが装備されていた。

電動式およびイナーシアスターターに加えて、B型は緊急時用に始動用ガソリンエンジンが用意されていた。これはクランクシャフト後端近くの2つのブラケット上に装着され、ドッグ(コンパス状のパーツ)で取り付けられる。

E型同様に本車にも鉄道輸送用に幅の狭い履帯が用意されていた。しかしボギーユニットは履帯幅より狭かったので、履帯の交換時に外側の転輪を取り外す必要がなく作業は単純化されていた。

◆結語

突撃砲と大口径砲の戦車駆逐車は、第二次世界大戦における脅威であり、技術の進歩がそれらを旧式なものとしたため消滅した。大量の装甲兵員輸送車を含む全兵科による戦闘集団の編制は、もはや歩兵が彼らとともに進む特殊な車両を必要としないことを意味することになり、突撃砲の任務は戦車に吸収されたのである。

大口径砲搭載戦車駆逐車は、それが戦車をアウトレンジできるうちは生き残ることができた。しかしひとたび戦車が大口径砲を装備するようになると、その必要性は消滅した。今日では戦車駆逐車は誘導ミサイルを装備し、初期のマーダーの簡単な原理とはかけ離れたものとなっている。

両武器システムはともに、当時の特殊な戦場においては独創的で安価であり、効率的な問題解決法だったのである。

70トンを越える重量、12.8cm砲の装備で、ヤークトティーガーは、第二次世界大戦中の最も強力な装甲戦闘車両であった。しかしその実用上の価値は大きくなかった。それは故障しやすく、発射速度が遅かったからである(＊)。(RAC Tank Museum)
(＊訳注：写真はポルシェ型サスペンションを装備した試作型である。このためサスペンション形状が、本文の内容と異なっている)

カラー・イラスト解説 The Plates

(カラー・イラストは25-32頁に掲載)

本書のカラーイラストは、戦時中における特定の車両の写真をもとにしており、文献のみから理論的に復元したものではない。いくつかの場合では、迷彩塗装の研究に基づく根拠のある推定が必要であった。たとえば1943年以降、工場で車両に塗装されたダークイエローのベースの上に車両乗員によって施された、ダークグリーンとレッドブラウンの塗装の違いを見分けるのは、白黒写真では非常に難しい。塗料の希釈程度の違い、時期の違いによる退色の影響は、どちらの色なのか見分けることの困難さを不可避なものとした。しかし、場合によっては写真の背景が助けとなる。イラストG3の車両は夏季にイタリアの植栽に隠されていたので、本書ではこのような迷彩とした。ここでブラウンではなくグリーンがカモフラージュに使われているとするのは、正しい考察だと思う。

A 図版A：Ⅲ号突撃砲G型戦闘室内部 上の図は左、下の図は右側面を示した

上は指揮車両の内部で、無線機が戦闘室の両側に装備されている。通常の車長用無線機が、彼の腕越しに見える。無線機が置かれている袖部は、写真で見ると、いくつかの車両では側面板にそって厚板で仕切りが設けられ、さまざまな雑具が収納されている[訳注：イラストでは当時の軍広報誌『ジグナル』が描かれている]。中隊中の中尉は、銀の縁どり付きの略帽をUボートの艦長のように前後逆に被り、車長用司令塔から突き出した双眼鏡式視察装置を使用している。下士官の砲手は砲手用のペリスコープ式照準器を使用している。これは戦闘室天井の開口部から突き出されている。彼と右側に一部見えている装填手は、初期型の戦闘帽を被っている。装填手は榴弾を装填しようとしており、そのオリーヴグリーンの弾頭には、黒で「4 13 1」と描かれている。後部壁面のベンチレーター吸入部および取り付け部の下には、棒付手榴弾のラックと固定クリップが一列に並んでいる。その上にはMP40とマガジンポーチが、簡単に着脱できる状態で固定されている。

(44頁へつづく)

■突撃砲中隊 1940年

- 小隊 — L24突撃砲2両
- 小隊 — L24突撃砲2両
- 小隊 — L24突撃砲2両
- 中隊段列：整備員その他

■突撃砲大隊 1941年

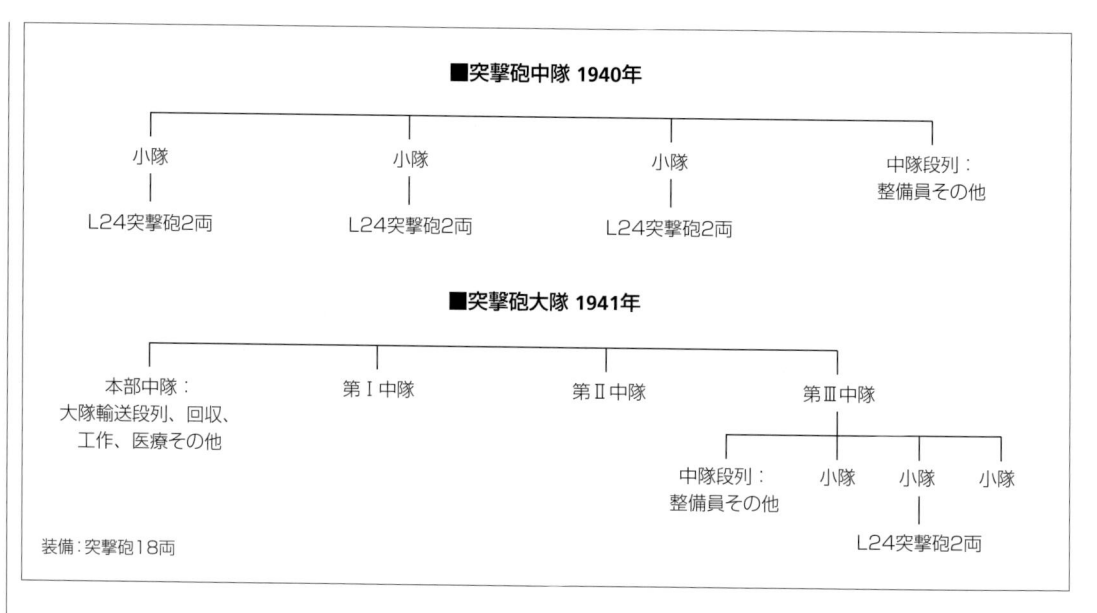

- 本部中隊：大隊輸送段列、回収、工作、医療その他
- 第Ⅰ中隊
- 第Ⅱ中隊
- 第Ⅲ中隊
  - 中隊段列：整備員その他
  - 小隊 — L24突撃砲2両
  - 小隊
  - 小隊

装備：突撃砲18両

■突撃砲大隊 1942年 暫定的編制表

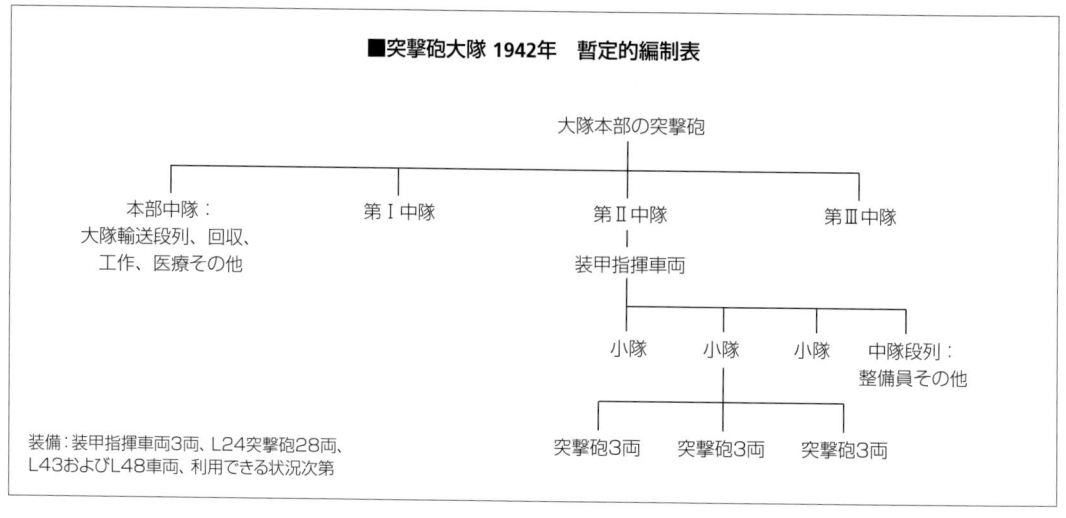

大隊本部の突撃砲

- 本部中隊：大隊輸送段列、回収、工作、医療その他
- 第Ⅰ中隊
- 第Ⅱ中隊
  - 装甲指揮車両
  - 小隊 — 突撃砲3両
  - 小隊 — 突撃砲3両
  - 小隊 — 突撃砲3両
  - 中隊段列：整備員その他
- 第Ⅲ中隊

装備：装甲指揮車両3両、L24突撃砲28両、L43およびL48車両、利用できる状況次第

■突撃砲大隊（旅団） 1942〜45年

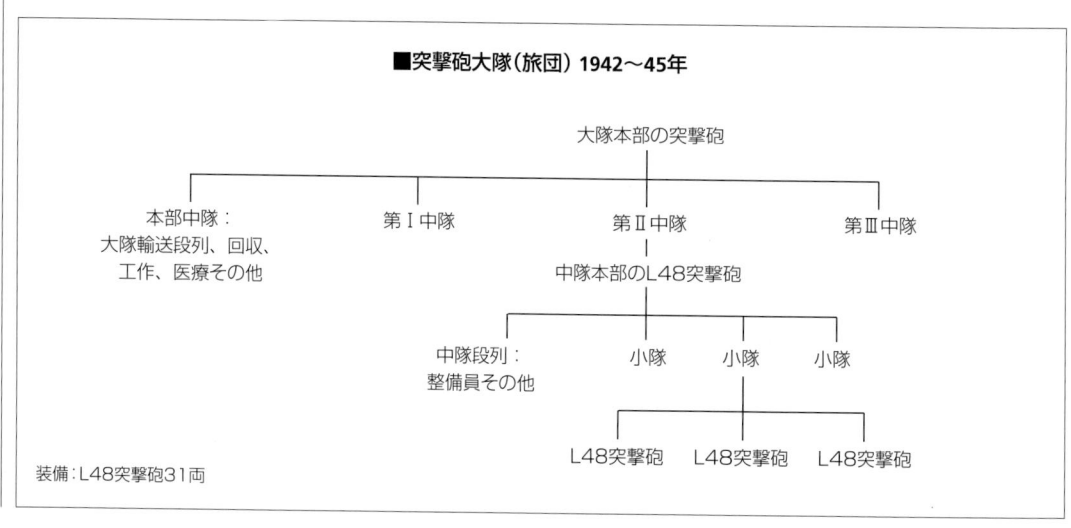

大隊本部の突撃砲

- 本部中隊：大隊輸送段列、回収、工作、医療その他
- 第Ⅰ中隊
- 第Ⅱ中隊
  - 中隊本部のL48突撃砲
  - 中隊段列：整備員その他
  - 小隊 — L48突撃砲
  - 小隊 — L48突撃砲
  - 小隊 — L48突撃砲
- 第Ⅲ中隊

装備：L48突撃砲31両

■突撃砲兵旅団 1944〜45年

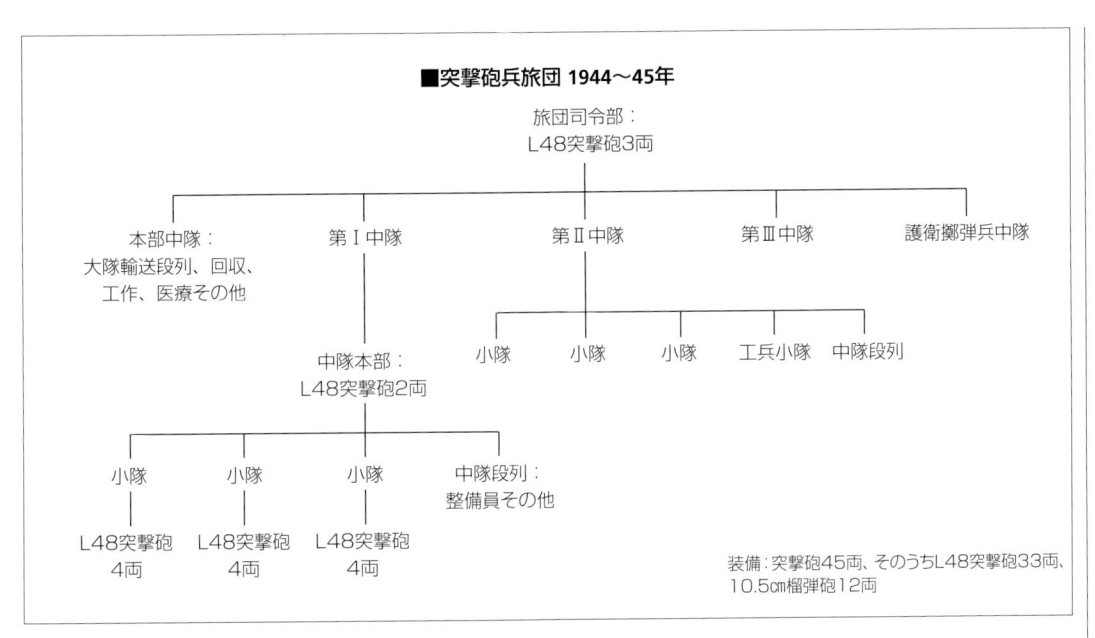

```
旅団司令部：
L48突撃砲3両
├─ 本部中隊：大隊輸送段列、回収、工作、医療その他
├─ 第Ⅰ中隊
│   └─ 中隊本部：L48突撃砲2両
│       ├─ 小隊 — L48突撃砲4両
│       ├─ 小隊 — L48突撃砲4両
│       ├─ 小隊 — L48突撃砲4両
│       └─ 中隊段列：整備員その他
├─ 第Ⅱ中隊
│   ├─ 小隊
│   ├─ 小隊
│   ├─ 小隊
│   ├─ 工兵小隊
│   └─ 中隊段列
├─ 第Ⅲ中隊
└─ 護衛擲弾兵中隊
```

装備：突撃砲45両、そのうちL48突撃砲33両、10.5cm榴弾砲12両

■第653および654重戦車駆逐大隊編制表：クルスク、1943年7月

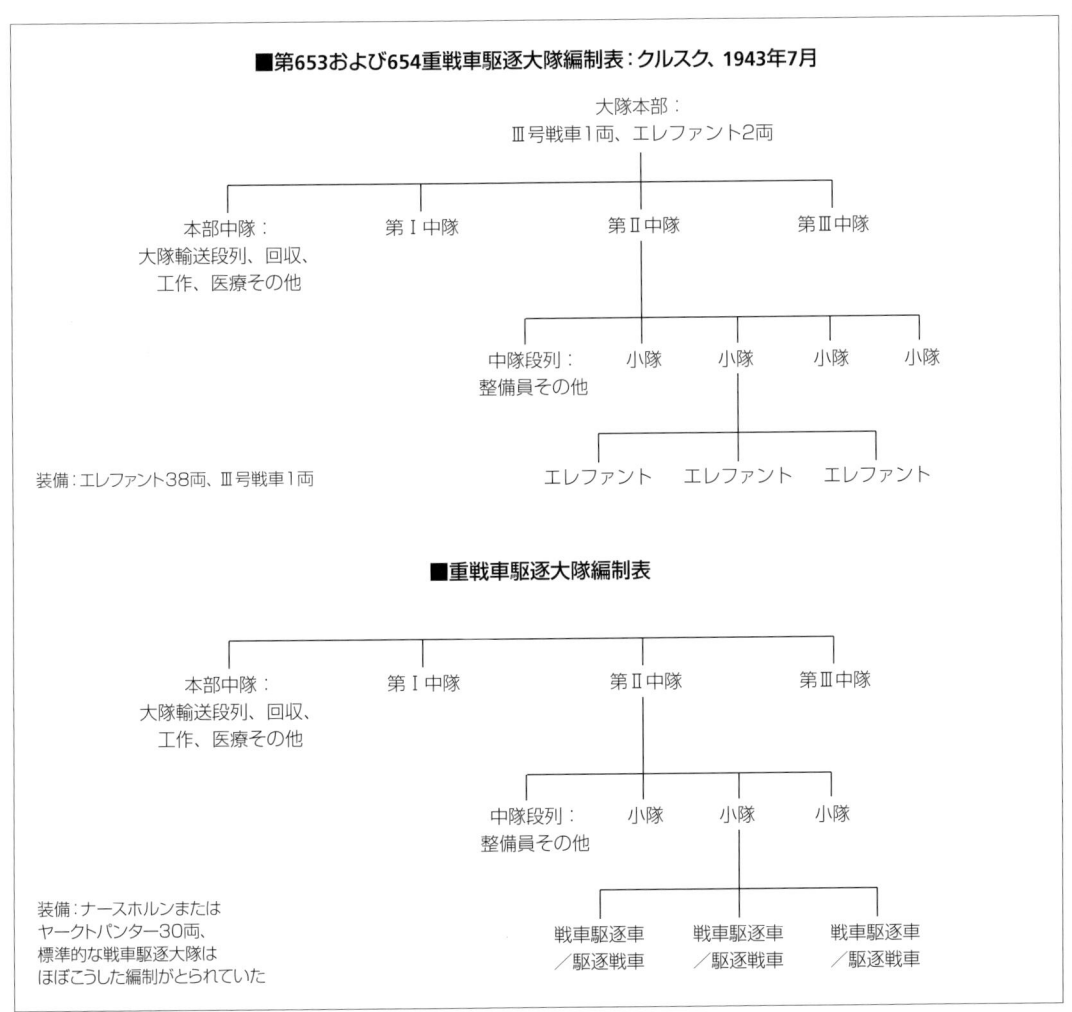

```
大隊本部：
Ⅲ号戦車1両、エレファント2両
├─ 本部中隊：大隊輸送段列、回収、工作、医療その他
├─ 第Ⅰ中隊
├─ 第Ⅱ中隊
│   ├─ 中隊段列：整備員その他
│   ├─ 小隊 — エレファント
│   ├─ 小隊 — エレファント
│   ├─ 小隊 — エレファント
│   └─ 小隊
└─ 第Ⅲ中隊
```

装備：エレファント38両、Ⅲ号戦車1両

■重戦車駆逐大隊編制表

```
├─ 本部中隊：大隊輸送段列、回収、工作、医療その他
├─ 第Ⅰ中隊
├─ 第Ⅱ中隊
│   ├─ 中隊段列：整備員その他
│   ├─ 小隊 — 戦車駆逐車／駆逐戦車
│   ├─ 小隊 — 戦車駆逐車／駆逐戦車
│   └─ 小隊 — 戦車駆逐車／駆逐戦車
└─ 第Ⅲ中隊
```

装備：ナースホルンまたはヤークトパンター30両、標準的な戦車駆逐大隊はほぼこうした編制がとられていた

ここにいるチャーチル乗員によると、このナースホルンは、カナダ軍歩兵が忍び寄ってPIATで破壊するまでに、大きな災いをもたらした。1944年5月26日、ヒットラーラインをめぐる戦闘中のできごとである。(Public Archives of Canada)

下のイラストの装填手は、綿入りのリバーシブルな防寒服の「雪中用」側を着用し、1943年型の野戦帽を被っている。2挺目のMP40とマガジンポーチが、彼の背後の壁に固定されている。彼の右側にある追加の指揮無線装置は彼が取り扱う。その前には予備の弾薬が積まれている。全乗員は標準型のヘッドフォンと咽頭マイクロフォンを装備している。予備の装置はしばしば後部隔壁にひっかけられている。個人の装備品は通常、空いている場所にならどこへでも詰め込まれるが、ここでは無線機上に見える。

図版B1：III号突撃砲B型　第192突撃砲大隊第2中隊
1941年8月　ロシア　ゴメル飛行場

ずいぶんと車載物を積み込んだ車両だ。このイラストのもととなった写真では、「25」の番号は若木の小枝でもっと濃密にカモフラージュされているが、イラストでははっきり見えるようにそれらのほとんどを取り除いた。髑髏(どくろ)のマークは大隊マークで、全部の車両に描かれているようだ。他の写真ではこのマークが左側(両側？)車体側面の無線機収容部の張り出しの前にも(あるいは代わりに？)描かれている。「S」の文字は本部車両に描かれていた。この例の場合25号車は、中隊長の乗車としての一時的任務を行う命令により、その通常の配置から転用されたものだろう。それではっきりと通常の「25」が描かれているのだ。戦術マークが前上面板(詳細は別掲)に描かれているが、トーンから判断して黄色に見える。1941年夏の進撃による土埃によって、「パンツァーグレイ」の全面塗装はかなりあいまいな色合いと

なっているが、このありさまは再現しなかった。

不整地脱出用の木材は、多くの写真で見られる。場合によっては丸太も使用される。典型的な外部装備品には、ジュリ缶、木枠、折り畳まれた防水シート、乗員のヘルメット、水筒などが含まれる。乗員はフィールドグレイの突撃砲搭乗服を着用し、ダークグリーンで赤の縁どりの肩章に銀の髑髏をつけている。これは前線で普通に見られるものではないが、ベレーに似た保護帽のグレーのタイプは、公表されているこの時期の大隊下士官の写真にはっきり見ることができる。

図版B2：III号突撃砲B型　第203突撃砲大隊第3中隊
1941年7月　ロシア　スモレンスク

本車では象の大隊マークが、車体左右および後部にそれぞれ描かれている。白の「33」は本車が第3中隊の3号車であることを示している。この車両も全体は「パンツァーグレイ」に塗装されている。鉄帯の即席のジュリ缶ラックは、しばしば後部デッキに溶接されていたが、これにはいろいろなパターンがあった。戦争の全期間を通じてロシアでの突撃砲の写真では、しばしば予備履帯や予備転輪が後部デッキ上に搭載されていたが、前者はその側面にゆるく巻かれていた。バケツは外部装備品のなかでも典型的な「略奪品」であった。象と二桁の番号システムは、戦争を

図版C1：III号突撃砲G型
SS第2機甲師団「ダス・ライヒ」 1943年7月 ロシア クルスク

初期型との最も目立つ構造的な違いは、この角度からわかるように、アーマースカート（シュルツェン）が車体から間隔をとって、側面のレールに取り付けられたことである。本車は全面ダークイエローで仕上げられているが、乗員は彼ら自身あるいは指揮官の指示で、ブラウンとグリーンの迷彩塗装を追加している。迷彩のパターンは各々大きく異なっている。このイラストのもとになった写真では、乱雑でおおざっぱな縞模様のパターンが見られる。後部の雑具の上には、対空識別用の旗がくくりつけられているのが示されている。部隊／車両識別ナンバーはない（1943年以降は珍しくない）。戦術、国籍、師団マークは、すべて車体後面板に描かれている。戦術マークによれば、この車両はSS第2突撃砲兵大隊第1中隊のものである。師団マークは2本の棒状のもので、クルスク作戦時に一時的に採用されたものである。図版Eの12も参照のこと。本車は指揮車であることが、2本の無線アンテナでわかる。

図版C2：III号突撃砲G型
SS第16機甲擲弾兵師団「ライヒスフューラー」
1944年1月 イタリア

あまり知られていない武装親衛隊のひとつだが、この戦力不足の師団はアンツィオの戦いに麾下部隊を派遣しており、イタリアに輸送されるIII号突撃砲G型の写真が何枚か発表されている。このイラストのもとにした車両は、明らかに工場で仕上げられた全面ダークイエローで、カモフラージュは施されていない。車長がダブルブレストの車両用搭乗服ではなく、4ポケットの一般的な武装SS軍服を着用しているのがはっきりわかる。車両番号は車体側面に黒で描かれており、戦術マークは前上面板にあり大隊の第1中隊を示しているが、本車の例は若干普通と変わっている。これらの車体の車列を後方から示した写真では、左上に掲載したイラストのように、標準的でない国籍マークが描かれている。一連の写真によると主砲防盾と車体後面板に、SSのルーン文字の標識が黒で描かれ、実際にはこれは公式の師団マークではなく、理由を説明できない。「ライヒスフューラー」の車両マークとして知られているものは、ハインリヒ・ヒムラーの柏葉の襟章を様式化したものである。

図版D：IV号駆逐戦車(Sd.Kfz.162) 戦車教導師団
第130戦車駆逐大隊第3中隊 1944年 ノルマンディ

この時期、IV号駆逐戦車外部の垂直面は、ツインメリット対磁気ペーストがコーティングされ、車両全体は出荷前にブラウエンの工場でRAL番号7028のドゥンケルゲルプ（ダークイエロー）が塗装された。カモフラージュ用として乗員には塗料缶が2kg支給された。これはどんな石油ベースの希釈剤でも水でさえも薄めることができ、ベースのダークイエローの上から、広い帯状、斑点状にスプレーされた。2色のペーストが配布された。ドゥンケルグリュンRAL6003（ダークオリーヴグリーン）とロートブラウンRAL8017（ダークチョコレートブラウン）である。しかしこの例では、乗員はオーバースプレー塗装にドゥンケルグリュンだけを使用している。戦闘室内上部パーツのほとんどは、RAL1001（アイボリーイエロー）に塗装されているが、下部、床その他およびエンジンコンパートメントは錆止めのロートブラウンRAL8012（レッドプライマー）のままである。

この車両は西方で使用するため、1944年3月17日に戦車教導師団第130戦車駆逐大隊に配備されたものである。彼らはDデイ後に連合軍の進撃に直面した。車体の番号は第3中隊のもので、戦車教導師団ではおそらく白縁付きの青であったろう。部隊マークは操縦手側の泥よけに描かれている。

[編注：RALはドイツの産業の品質監督、基準、規格設定の業務を行うため、1925年に設立された「帝国工業規格」の略称。ドイツ陸軍が使用した多くの塗料が、RALの規格番号で管理されていた。この機関は現在も存続し、日本語名称は「ドイツ品質保証・表示協会」。なお、規格番号は1953年から段階的に改正されており、本書に記載されている番号は「帝国工業規格」当時のものである]

図版E：III号突撃砲のマーキング

1. 1941年の戦役初期にロシアで撮影されたもので、第189突撃砲大隊のIII号突撃砲D型の車体および泥よけのマーキング。全面が暗い「パンツァーグレイ」仕上げの車体上に国籍マークは白縁のみ、白の「C」はおそらく中隊符号だろう。左前面泥よけには、大隊マークがあるが、この位置に描かれるのはかなりまれである。マークは中央を境に左右で異なり、右側は黒の鷲の紋章、左側は白地に黒で描かれた盾を立てて兜を被った中世の騎士である。通常と異なる前照灯のカバーと、車長ハッチから突き出されたペリスコープ式の双眼鏡に注目。

2. III号突撃砲G型の後面。1943〜44年、ロシア、第286突撃砲旅団。たくさんの荷物を積み込んだ車両で、サイドスカートを取り付け、後部デッキには大きな木製雑具箱が装備されている。仕上げ塗装は退色しているものの、カモフラージュは施されていない全面ダークイエローのようである。国籍マークは、III号突撃砲の典型的な位置に描かれているようである。その左側には白地に2つの小さな白のマルタ十字、車体後面板の右端には車両の固有番号が、白縁付きの赤で描かれているが、おそらく第1中隊の9号車であろう。

3. III号突撃砲G型の後部マーキング。1943〜44年、ロシア、第259突撃砲旅団。工場仕上げのダークイエローが明るく見え、グリーンかブラウンで不明瞭な迷彩が施されている。黒の車両固有番号が見えるだけで中隊符号は見られない。右側の旅団マークは、黒の盾の上に白と黒でマルタ十字と鷲の頭が描かれている。

4. III号突撃砲F型の車体右側マーキング。1943年夏、ロシア、「グロースドイッチュラント」機甲擲弾兵師団。ダークイエロー仕上げに、ぼかしたダークブラウンの帯状迷彩が施されている。中隊および車両番号は白一色で、師団マークは鉄十字の前に描かれている。

5. 所属不明のIII号突撃砲の車体後部マーキング。1943年秋、ロシア。本車の側面にマーキングは何も見られない。スペードのエースは、ドイツ側の記録に残る部隊マークのリストには見あたらない。ただしこの記録は不完全なものである。

6. III号突撃砲F型の車体側面マーキング。1943年、ロシア、第191突撃砲旅団。突進するバイソンの旅団マークは、オリジナルの「パンツァーグレイ」の全面仕上げがダークイエローに塗り直されたとき、型紙をあてて塗り残されたもののようだ。

7. III号突撃砲F型の車体側面マーキング。1943年、ロシア、第203突撃砲旅団。本車の写真のトーンを比較検討したところ、旅団の象のマークは黒地の上に基本色のダークイエローで描かれたように見える。塗り分けのはっきりした通常と異なる迷彩パターンに注目。おそらくグリーンであろう。

8. III号突撃砲G型の車体側面マーキング。1943〜44年冬、ロシア、SS第8騎兵師団「フロリアン・ガイエル」。最も異例なもので、筆者の知見からも、SS師団の名前がそのまま車体に描かれ

ている例は、非常に独特である。写真によればこの車両は、ずいぶん汚れてはいるが、ダークイエローがのぞく師団名のまわりを除いて、全面を白に塗られている。少なくとも車体後面板には、その他のマーキングは見られない。この車両は大量に荷物を積まれていて、エンジンデッキには大きな木枠が設けられ、後部デッキの搭載物の上には、カギ十字の対空識別旗が広げられている。

9. 部隊名不祥のⅢ号突撃砲G型、防盾の飾り塗装。1944年、ロシア。写真では少なくとも中隊すべてに同じ飾り塗装が施されている。基本塗装は単色のダークイエローに見える。ほかのマーキングとして、筆者がいえるのは3文字の番号が、たとえば「111」のように、おそらく白縁付きの赤でアーマースカートの中央に描かれているということである。

10. 1942年夏、クリミアで撮影された第249突撃砲大隊第2中隊のⅢ号突撃砲、前面および後面のマーキング。写真によれば、全体のグレイ塗装はひどく退色し、汚れている。「B」は中隊あるいは個々の車両の識別のためのものであろう。おなじグループの別の車両には「G」の文字が描かれており、後者の可能性がより高い。ルーン文字の「狼の舌」は、大隊マークである。

11. 「ライプシュタンダルテSSアードルフ・ヒットラー」連隊戦闘団の突撃砲中隊で使用されたマーク（左）、1940年、フランス。拡大された「LAH」旅団の突撃砲大隊で使用されたマーク（右）、1941年、バルカン。どちらも車体後部に描かれた。前者はおそらく中隊のものであろうが、写真によるとエンブレムが追加されている。エンブレムは白く塗り潰したシンプルな犬（狼？）の頭で、後面板の中央に描かれている（後に第261突撃砲大隊が狼の頭のエンブレムを使用している）。

12. 1943年7月、クルスク攻勢中の、SS第3機甲師団「トーテンコプフ」のⅢ号突撃砲に描かれていた師団マーク。

図版F：マーダーの塗装パターン

これらのイラストは、ダークイエロー仕上げの上に塗装された、ブラウンおよびグリーン迷彩の典型的なパターン各種を示したものである。同時にこれはマーダー自走砲シリーズに採用された、車体と砲の種類の多様性を一同に示すものでもある。それぞれの例で、取り上げた車両のもとになった写真の乗員の軍装もおおよそ再現している。

図版F1：Sd.Kfz.132 マーダーⅡ　7.62㎝ Pak (r)
SS第5機甲擲弾兵師団「ヴィーキング」　1943年秋
ロシア　オリョール戦区

カモフラージュ塗装の施されていない全面ダークイエロー単色で、軽微な小枝のカモフラージュが、車体外側のブラケットに取り回されたワイヤーへ取り付けられている。国籍マーク以外のマーキングは施されていない。車体側面前部にチョークで描かれた「WK」は、識別のため一時的に描き加えられたものであろう。あるいは師団名を略して描いたものか。フィールドグレイの軍服を着た乗員は、迷彩スモックとヘルメットカバーを装着している。

図版F2：Sd.Kfz.131 マーダー　7.5㎝ Pak40/2
第29歩兵師団（自動車化）　1942～43年　ロシア

この車両は非常によく知られており、広くイラスト化されている「コーレンクラウ」（Kohlenklau＝石炭泥棒）である。工場での仕上げ塗装の上に、かなり薄いグリーンがぼかしたまばらな斑点状に加えられている。マーキングはずいぶんにぎやかだ。国籍マークと名前の上に描かれたマンガの「石炭泥棒」以外にも、赤縁付きの白の三角形の中心に、黒で「1A」と描かれている。おそ

らく部隊および車両の標識であろう。しかしこれは非常に異例なものである。本車の写真は、1942年秋に撮影されたと特定できる。彼らがロシアの秋の泥だらけの地面の上に座り込んでいたことは確かである。そしてその冬のスターリングラードの戦いで師団が実質的に壊滅したことから、この写真は1942年中に撮られたことになる。だとしても乗員が規格野戦帽を被っていることは困惑させられる。これは翌年まで支給されなかったはずだからだ。着用している軍服は4ポケットのものである。

図版F3：Sd.Kfz.138 マーダーⅢ　7.5㎝ Pak 40/3
部隊名不祥の戦車駆逐隊　1943年夏　ロシア

グリーンおよびブラウンが、車体上部の広い範囲に不規則にぼかしたパターンで塗装されている。ただしサスペンション部分には施されていない。中隊、小隊、車両番号が、通常の戦車のスタイルで描きこまれている。乗員が着用するグレイの戦車搭乗服には、ピンクの縁どり（パイピング）が施された銀の髑髏の襟章と、ピンクの縁どりの肩章がつけられている。

図版F4：Sd.Kfz.139マーダーⅢ　7.62㎝ Pak(r)
部隊名不祥の「ハイジ」　1943年夏　ロシア

本車ではほとんどの範囲がグリーンとブラウンで覆われ、迷彩のごく細い境界部分がダークイエローで残されているだけである。サスペンションおよび下部車体側面もカモフラージュされ、後部に追加された乗員用の木製の雑具箱まで、細い大ざっぱな帯状に迷彩されている。マーキングは国籍マークと、黒に白の影を付けられた車両名の「ハイジ」が、アンテナの後ろに描かれているだけである。乗員はグレイのシャツとリードグリーンのデニムズボンを着用し、フィールドグレイの帽子を被っている。

図版F5：Sd.Kfz.138　マーダー
7.5㎝ Pak40/3車体後部搭載型
部隊名不祥　1943年秋　ロシア

ブラウンとグリーンが縁のはっきりとした帯状に塗装されている。あまり薄めないで刷毛かホウキでごしごしと塗られたものであろう。車両の表面のほとんどが帯で覆われ、ごく細い部分だけがダークイエローで残されているだけである。鉄十字以外は何のマーキングも見られない。防水布が戦闘室上にかけられているのは、もとにした写真がちょうど雨の日に撮られたからである。乗員は4ポケットの軍服を着用、規格野戦帽を被っている。

図版G：ブルムベアーの塗装パターンおよびマーキング

この印象的な車両の、部隊展開の詳細についてはごくわずかしかわからない。これらのイラストは、1例を除いては確実なものではなく、戦時の写真をもとに推測したものである。

図版G1：ブルムベアー　部隊名不祥　1943年　ロシア

図版G2：ブルムベアー　部隊名不祥
1943～44年　ロシア

両者は明らかに1943～44年にロシアで運用された車両で、使用不能となってから撮影されたものである。

図版G1ではツィンメリット・ペーストが、車体垂直面すべてに施されている。転輪より上の車体側面も含まれているが、これは一般的なものではない。しかし本車が市街戦用に作られたことを考えれば理解できることである。この部分はとくに脆弱だからだ。工場仕上げのダークイエロー地に、乗員の手によってかなり乱暴にダークグリーンとブラウンの迷彩が加えられているようだ。

怪物対怪物、1945年の北ドイツで撮影。ヤークトパンターと90mm砲装備のM36の双方が撃破されている。両者の戦車駆逐車設計思想の違いが、はっきりと捉えられている。
(Capt. C.A. Heckethorn, 899 TD Bn.)

白の番号はおそらく部隊と個々の車両を示すものであろう。わずかに確認できるブルムベアーの写真では、乗員は黒の戦車搭乗服を着用しているようである。

　図版G2の車両にツインメリット・コーティングは施されていないが、側面にアーマースカートが取り付けられ、より通常のカモフラージュ仕上げがなされている。小さなローマ数字の「II」は、おそらく白縁付きの黄色で、第2大隊本部車両を示すものであろう。部分図は、どちらも車両の操縦手席部分を示したものである。初期のタイプはティーガーE型と同じ装甲バイザーを装備し、後期型(あるいは中期型)の箱型のものは上部にペリスコープがある［訳注：図版G2の車両は、おそらくクルスク戦に投入された第216突撃戦車大隊の車両ではなかろうか］。

図版G3：ブルムベアー　部隊名不祥
1943〜44年　イタリア

　本書10頁の写真で示されている車両。イタリアの木々に囲まれているこの写真は明らかに夏に撮られたもので、その地形からも戦闘室の上から下に広がっていく「蔓」のようなカモフラージュは、ほぼ確実にブラウンでなくグリーンであると推定できる。ここでもツインメリット・ペーストが、車体および戦闘室の垂直面を、吸着、投擲地雷から防護するために塗布されている。後部の薄板製の雑具箱には塗布されていないが、これは明らかに重要でない装備だからである。一文字のみ描かれた「1」は、部隊識別のものでなく車両番号に違いない。

図版G4：ブルムベアー　最終生産型
第24機甲師団　1944年9月　ロシア

　これは改良されたブルムベアー最終生産型の例である。前面板左側高所に追加されたボールマウント機関銃と、戦闘室後部の新しく設けられた突出部に注目。アーマースカートは簡単に着脱できるフックとブラケットで取り付けられるようになった［訳注：これは最終生産型からというわけでなく、むしろ初期生産型だけがアーマースカートに穴を空けてフックに取り付ける、異なる形式となっていた］。これによって壁などにひっかかっても、もはや装甲板がネジ曲がることなく、簡単に外れてしまうだけになった。ここでもツインメリット・ペーストはサスペンション基部まで塗り広げられている。カモフラージュはまったく典型的なものである。本車は写真解説によれば、1944年9月にロシアで戦った、第24機甲師団第89機甲砲兵連隊第1中隊に所属した車両とされる。車体前部、低い部分に描かれた白の「10」は、この場合おそらく中隊本部車両を示すものであろう。(モデラー諸氏はもしこの迷彩塗装を再現する場合、第24機甲師団の人員は、黒の戦車搭乗服に、ピンクではなく黄色の縁どりを施していることを思い出して欲しい。これはその編成の前身が第1騎兵師団であったことを記憶に留めてのものである)。

ドイツ国内のどこかの町で放棄されたヤークトティーガー、明らかに機械故障によるものだろう。
(Capt. C.A. Heckethorn, 899 TD Bn.)

◎訳者紹介

山野治夫（やまのはるお）
1964年東京生まれ。子供の頃からミリタリーミニチュアシリーズとともに人生を歩み、心も体もすっかり戦車ファンとなる。編集プロダクションに勤め、PR誌編集のかたわら、原稿執筆活動にいそしむ。外国の戦車博物館に出向き、資料収集にも熱心に取り組んでいる。

オスプレイ・ミリタリー・シリーズ
世界の戦車イラストレイテッド 22

**突撃砲兵と戦車猟兵
1939-1945**

発行日	2003年8月9日　初版第1刷
著者	ブライアン・ペレット
訳者	山野治夫
発行者	小川光二
発行所	株式会社大日本絵画 〒101-0054 東京都千代田区神田錦町1丁目7番地 電話:03-3294-7861　http://www.kaiga.co.jp
編集	株式会社アートボックス
装幀・デザイン	関口八重子
印刷/製本	大日本印刷株式会社

©1999 Osprey Publishing Limited
Printed in Japan
ISBN4-499-22808-5　C0076

Sturmartillerie & Panzerjäger
1939-45
Bryan Perrett

First published in Great Britain in 1999,
by Osprey Publishing Ltd, Elms Court,
Chapel Way, Botley,
Oxford, OX2 9LP. All rights reserved.
Japanese language translation
©2003 Dainippon Kaiga Co.,Ltd.